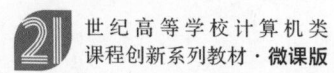

Python程序设计基础教程

（题库·微课视频·二级真题解析）

王晓静 / 主编

清华大学出版社
北京

内 容 简 介

本书内容涵盖全国计算机等级考试二级 Python 语言考试大纲的所有知识点。选取大量经典、实用的例题进行解析，注重基础知识的系统化讲解，结构清晰，通俗易懂，体现了 Python 语言简洁、优雅的特性，为学生日后以 Python 为基础学习深层的应用奠定良好的基础。

本书适合作为非计算机专业学生的基础课或专业入门课教材，也适合作为各专业学生参加全国计算机等级考试二级 Python 科目的参考用书。

本书封面贴有清华大学出版社防伪标签，无标签者不得销售。
版权所有，侵权必究。举报: 010-62782989, beiqinquan@tup.tsinghua.edu.cn。

图书在版编目(CIP)数据

Python 程序设计基础教程: 题库·微课视频·二级真题解析/王晓静主编. —北京: 清华大学出版社, 2021.5(2025.1重印)
21 世纪高等学校计算机类课程创新系列教材·微课版
ISBN 978-7-302-57240-4

Ⅰ. ①P… Ⅱ. ①王… Ⅲ. ①软件工具－程序设计－高等学校－教材 Ⅳ. ①TP311.561

中国版本图书馆 CIP 数据核字(2020)第 260569 号

责任编辑: 付弘宇　薛　阳
封面设计: 刘　键
责任校对: 焦丽丽
责任印制: 刘海龙

出版发行: 清华大学出版社
　　网　　址: https://www.tup.com.cn, https://www.wqxuetang.com
　　地　　址: 北京清华大学学研大厦 A 座　　　　邮　　编: 100084
　　社 总 机: 010-83470000　　　　　　　　　　邮　　购: 010-62786544
　　投稿与读者服务: 010-62776969, c-service@tup.tsinghua.edu.cn
　　质量反馈: 010-62772015, zhiliang@tup.tsinghua.edu.cn
　　课件下载: https://www.tup.com.cn, 010-83470236
印 装 者: 三河市铭诚印务有限公司
经　　销: 全国新华书店
开　　本: 185mm×260mm　　　印　张: 17.25　　　字　数: 408 千字
版　　次: 2021 年 6 月第 1 版　　　　　　　　　　印　次: 2025 年 1 月第 4 次印刷
印　　数: 3501～4000
定　　价: 49.80 元

产品编号: 086113-01

前　言

Python 可以说是最近几年最热门、最"火爆"的程序设计语言，使用人数呈直线上升趋势，超越了 C 语言和 Java 语言，牢牢地占据着全球单一语言使用排行榜第一的位置。它的前沿性和时代性吸引了众多粉丝，短时间内由一门软件开发者使用的专业语言变为各行业融入"互联网＋"时代的必备工具，成为国内众多院校告别"水课"、打造"金课"的高级编程语言授课首选。

如果你也想学习 Python 语言，建议思考以下问题。

- Python 语言的独特魅力是什么？
- Python 语言为什么叫作生态语言？
- 你想利用 Python 语言拥有的几十万个生态库解决你所感兴趣的哪些问题？
- 你知道为什么 Python 语言在人工智能、大数据等领域不可或缺，但又不能完全替代 C 语言吗？
- 你想通过学习在获取知识、修得学分的同时得到社会认可、轻松通过全国等级考试吗？

很多热爱学习的朋友们给予的答案是一连串的"Yes"。2018 年 9 月，全国计算机等级考试中心将 Python 语言新增为二级考试科目并进行了第一次测试。根据教育部考试中心统计，2019 年 3 月报考全国计算机 Python 语言二级考试的人数为 1.97 万，比 2018 年 9 月增长了一倍，报名人数已经超过了 Web、MySQL、Java、C++ 科目。在上海地区，Python 语言的考试人数已经成为仅次于 C 语言、排名第二的编程语言。

由此可见，学 Python、考 Python 已经成为满足大众需求的时代选择。可以说，任何学校、任何学生都适合开设或学习 Python 语言，而寻找一本合适的教材是关键的一步。

目前，市场上已经出版的 Python 图书琳琅满目。笔者在认真阅读二十余本已经出版的相关教材后，发现以下问题：有些教材以 Python 2.x 版本为基础，已经不符合发展需求；有些教材仅适合有较强专业背景的读者，例题较难，对广大非专业学生而言借鉴意义不大；有些教材重理论、轻实践，知识点多但习题少，读者为了学懂、学通还得参考其他书籍，降低了学习的效率；还有些教材的不同知识点之间缺乏衔接，还未介绍的知识点已经在例子中出现，从授课角度令广大教师无从下手。最重要的是，笔者发现学校授课所用教材与考级教材严重割裂，市面上尚未见兼顾两者的 Python 教材，而这些未满足的需求正是笔者出版本书的意义所在。

为了弥补上述不足，在清华大学出版社的鼎力支持下，这本面向广大读者、理论与实践并重、教材与习题集合二为一、兼顾学校教育与等级考试的通用型教材应运而生。笔者还针对书中的难点、重点及易错知识点录制了微视频，通过线上讲解的方式帮助读者更好地理解相关知识。

本书适合作为非计算机专业学生的基础课或专业入门课教材,也适合作为各专业学生参加全国计算机等级考试二级 Python 科目的参考用书。

本书共分为 3 部分。第 1 部分为基础知识篇,共 8 章,力求将 Python 语言当作程序设计入门语言,注重基础知识讲解,内容丰富详尽,知识点讲解透彻,例题选取与生活实践紧密相连。为了着重体现 Python 生态语言的特点,几乎每章节后面都重点介绍了相关库函数的使用方法,以解决生活中遇到的实际问题为宗旨,力求做到知识点讲解与函数库介绍无缝对接全国二级等级考试的要求。为了满足更高层次学生的需求,本书在第 8 章概要性地介绍了众多第三方函数库,希望以此为契机,让读者能够结合自身专业特点或兴趣点,以 Python 语言为工具,以本书为媒介,向更高层次迈进。

第 2 部分为经典习题篇。以章为节点,配备六百余道习题。试题形式多样,除了填空、选择、判断等标准化试题题型,为了满足学生由知识型向能力型转变的需要,习题中设置了更多基于"场景"的考核题目。题型丰富,题目经典,涵盖书中所有知识点,紧贴全国二级考试原题,着重训练计算思维,是教师授课、学生自测的得力帮手。本书所有题目均经过教师及学生多轮测试,以保证题目的正确性、逻辑性及严谨性。

第 3 部分为等级考试篇,详细介绍了全国计算机等级考试二级 Python 语言的考试大纲(2019 版),并提供了几套模拟试卷及真题精讲,为有梦想的你加油助威!

本书配套 550 分钟关于重要知识点与例题的讲解视频,读者先扫描封底"文泉云盘"涂层下的二维码,绑定微信账号,然后即可扫描第 1~8 章中的二维码直接观看配套视频。

本书还提供 PPT 课件、教学大纲、习题答案、示例源码等教学资源,读者可以从清华大学出版社官方微信公众号"书圈"(itshuquan)下载。

本书所有程序及命令基于 Python 3.7.2 版本,均已在 IDLE 下运行。

本书的编写得到了家人、领导及同事的支持与理解,更得到清华大学出版社的大力支持与帮助,借此表示衷心感谢。

由于编者水平有限,本书难免存在不足及疏漏之处,恳请广大读者批评指正。联系邮箱: 404905510@qq.com。

朋友们,让我们一起走进 Python 语言的精彩世界,体会"人生苦短,我用 Python"的真正内涵,向着"未来已来,将至已至"的人工智能时代出发,迎接更精彩的明天。

王晓静

2020 年 11 月

目 录

第 1 部分　Python 语言基础

第 1 章　初识 Python 语言十六问 ········· 3

1.1　为什么要学习计算机编程语言？ ········· 3
1.2　Python 语言为什么叫 Python？ ········· 4
1.3　如何理解 Python 是一种开源语言的说法？ ········· 4
1.4　如何理解 Python 是一种生态语言的说法？ ········· 4
1.5　为什么说学习 Python 语言符合时代需求？ ········· 5
1.6　为什么说 Python 是一种简洁、优雅的语言？ ········· 5
1.7　为什么说 Python 语言是通用性语言？ ········· 6
1.8　为什么将 Python 语言称作脚本语言？ ········· 6
1.9　为什么说 Python 语言既体现面向对象又体现面向过程的
　　　程序设计思想？ ········· 7
1.10　为什么说 Python 语言是一门免费的语言？ ········· 7
1.11　Python 2.X 和 Python 3.X 有何区别？ ········· 7
1.12　什么是 IDLE？ ········· 8
1.13　使用 IDLE 时有哪些相关技巧？ ········· 8
1.14　运行 Python 语言有哪些方法？ ········· 9
1.15　何谓 Python 之禅？ ········· 9
1.16　Python 语言的应用领域有哪些？ ········· 10

第 2 章　Python 语言基础 ········· 12

2.1　保留字 ········· 12
2.2　常量与变量 ········· 13
　　2.2.1　常量的数据分类 ········· 13
　　2.2.2　变量的命名规则 ········· 14
　　2.2.3　变量的赋值方法 ········· 14

- 2.3 函数及函数库简介 16
  - 2.3.1 输出函数 17
  - 2.3.2 输入函数 17
  - 2.3.3 字符处理函数 17
- 2.4 程序及其相关概念 18
  - 2.4.1 创建程序文件的步骤 19
  - 2.4.2 程序的缩进 19
  - 2.4.3 程序的注释 19
  - 2.4.4 IPO 编程模式 20
  - 2.4.5 编程中常见的错误及原因分析 21
- 2.5 turtle 函数库介绍 22
  - 2.5.1 标准函数库的导入方法 22
  - 2.5.2 turtle 函数库常见函数功能介绍 23
  - 2.5.3 实例详解 26

第 3 章 常见数据类型 32

- 3.1 数字类型 32
  - 3.1.1 整数类型 32
  - 3.1.2 浮点数类型 33
  - 3.1.3 复数类型 33
  - 3.1.4 数字类型内置运算符 34
  - 3.1.5 数字类型内置函数 36
- 3.2 math 函数库的使用 38
  - 3.2.1 math 函数库的数学常数功能 38
  - 3.2.2 math 函数库中常用函数功能 39
  - 3.2.3 math 函数库应用举例 40
- 3.3 字符串类型数据 41
  - 3.3.1 字符串界限符说明 41
  - 3.3.2 字符串的表示、索引和切片 41
  - 3.3.3 字符串操作符 43
  - 3.3.4 字符串内置函数 43
  - 3.3.5 Unicode 编码 45
  - 3.3.6 字符串函数处理方法 45
  - 3.3.7 字符串中常见的转义字符 47
- 3.4 字符串类型的格式化 47

  3.4.1　format()方法的基本使用方法 ·················· 48
  3.4.2　format()方法的格式控制 ······················ 49
 3.5　布尔数据类型 ···································· 50
  3.5.1　比较运算符 ································· 50
  3.5.2　逻辑运算符 ································· 51
  3.5.3　成员运算符 ································· 52
  3.5.4　同一性运算符 ······························· 52
  3.5.5　位运算符 ··································· 53
  3.5.6　常用运算符的优先级别和结合性 ················ 54
  3.5.7　补充说明 ··································· 55

第4章　组合数据类型 ···································· 56

 4.1　序列 ·· 56
  4.1.1　列表定义 ··································· 56
  4.1.2　列表的基本操作 ····························· 57
  4.1.3　列表操作函数 ······························· 58
  4.1.4　列表操作方法 ······························· 59
  4.1.5　列表的综合应用 ····························· 63
  4.1.6　元组 ······································· 64
  4.1.7　range()函数 ································ 65
  4.1.8　any()和all()函数 ···························· 66
 4.2　集合 ·· 66
  4.2.1　创建集合 ··································· 66
  4.2.2　集合基本操作 ······························· 67
  4.2.3　集合的操作方法 ····························· 67
  4.2.4　集合常用运算符 ····························· 69
  4.2.5　集合比较运算符 ····························· 70
 4.3　字典 ·· 71
  4.3.1　创建字典 ··································· 71
  4.3.2　字典基本操作 ······························· 72
  4.3.3　字典操作函数 ······························· 73
  4.3.4　字典操作方法 ······························· 74
 4.4　时间、日期函数库介绍 ···························· 76
  4.4.1　time函数库 ································· 76
  4.4.2　datetime函数库 ····························· 79
  4.4.3　综合应用举例 ······························· 81

第 5 章 程序控制结构 82

5.1 顺序结构 83
- 5.1.1 顺序结构流程图 83
- 5.1.2 顺序结构应用举例 83

5.2 分支结构 84
- 5.2.1 单路分支结构 84
- 5.2.2 双路分支结构 85
- 5.2.3 多路分支结构 86

5.3 循环结构 88
- 5.3.1 for 循环(遍历循环) 89
- 5.3.2 while 循环(无限循环) 92
- 5.3.3 循环嵌套结构 95
- 5.3.4 break 和 continue 语句 98
- 5.3.5 pass 语句 100

5.4 程序的异常处理 101
- 5.4.1 try…except 语句 102
- 5.4.2 多个 except 的 try 语句 102
- 5.4.3 try…except…finally 语句 103

5.5 random 函数库介绍 104
- 5.5.1 函数功能介绍 105
- 5.5.2 应用举例 105

第 6 章 函数 107

6.1 函数的定义 107
- 6.1.1 函数定义基本形式 107
- 6.1.2 空函数定义方法 108
- 6.1.3 函数定义举例 108

6.2 函数的调用 109
- 6.2.1 函数调用的一般形式 109
- 6.2.2 函数调用的步骤 109
- 6.2.3 函数调用举例 109

6.3 lambda 函数 110
- 6.3.1 lambda 函数定义方法 110
- 6.3.2 lambda 函数应用举例 110

6.4 函数的参数传递 ……………………………………………………… 111
　　6.4.1 位置传递方式 …………………………………………………… 111
　　6.4.2 指定参数传递 …………………………………………………… 111
　　6.4.3 可选参数传递 …………………………………………………… 112
　　6.4.4 名称传递 ………………………………………………………… 112
6.5 变量的作用域 …………………………………………………………… 113
　　6.5.1 局部变量 ………………………………………………………… 113
　　6.5.2 全局变量 ………………………………………………………… 113
　　6.5.3 全局变量对组合数据类型的影响 ……………………………… 115
6.6 递归函数 ………………………………………………………………… 116
　　6.6.1 递归的概念及特点 ……………………………………………… 116
　　6.6.2 递归的应用举例 ………………………………………………… 116

第 7 章　文件及数据处理 ………………………………………………… 120

7.1 文件及其操作 …………………………………………………………… 120
　　7.1.1 打开文件 ………………………………………………………… 120
　　7.1.2 关闭文件 ………………………………………………………… 121
　　7.1.3 文本文件的读取操作 …………………………………………… 121
　　7.1.4 文本文件的写入操作 …………………………………………… 123
7.2 数据及其操作 …………………………………………………………… 124
　　7.2.1 一维数据及其操作 ……………………………………………… 124
　　7.2.2 二维数据及其操作 ……………………………………………… 125
　　7.2.3 高维数据及其操作 ……………………………………………… 128

第 8 章　第三方库的概要介绍 …………………………………………… 129

8.1 第三方库的安装 ………………………………………………………… 129
　　8.1.1 pip 工具安装 …………………………………………………… 129
　　8.1.2 自定义安装 ……………………………………………………… 131
　　8.1.3 文件安装 ………………………………………………………… 131
8.2 wordcloud 库介绍 ……………………………………………………… 132
　　8.2.1 WordCloud 类方法介绍 ………………………………………… 132
　　8.2.2 WordCloud 类常用参数 ………………………………………… 133
8.3 jieba 库介绍 …………………………………………………………… 135
　　8.3.1 jieba 库分词的三种模式 ……………………………………… 136
　　8.3.2 jieba 库常用分词函数 ………………………………………… 136

8.4 网络爬虫相关库概要介绍 ·· 140
8.4.1 爬虫分类 ·· 140
8.4.2 编写爬虫的步骤 ·· 141
8.4.3 requests 库介绍 ··· 141
8.4.4 Scrapy 库介绍 ·· 141
8.5 数据分析相关库概要介绍 ·· 142
8.5.1 NumPy 库 ··· 142
8.5.2 Pandas 库 ·· 142
8.5.3 SciPy 库 ·· 142
8.6 更多第三方库 ·· 143
8.6.1 Beautifulsoup4 库 ·· 143
8.6.2 Matplotib 库 ·· 143
8.6.3 scikit-learn 库 ·· 143
8.6.4 PyInstaller 库介绍 ··· 144
8.6.5 PIL 库介绍 ·· 145
8.6.6 其他第三方库概要介绍 ·· 146

第 2 部分　习　　题

第 1 章　习题 ·· 151

第 2 章　习题 ·· 153

第 3 章　习题 ·· 158

第 4 章　习题 ·· 168

第 5 章　习题 ·· 174

第 6 章　习题 ·· 184

第 7 章　习题 ·· 191

第 8 章　习题 ·· 195

综合测试题 ·· 200

第 3 部分　二级考试大纲及模拟试卷

全国计算机等级考试二级 Python 语言程序设计考试大纲（2019 版） ··················· 209

模拟试卷 I ··· 211

模拟试卷Ⅰ答案及解析 ………………………………………………………… 221

模拟试卷Ⅱ …………………………………………………………………… 227

模拟试卷Ⅱ答案及解析 ………………………………………………………… 235

模拟试卷Ⅲ …………………………………………………………………… 240

模拟试卷Ⅲ答案及解析 ………………………………………………………… 250

附录A　turtle库常用函数 …………………………………………………… 256

附录B　turtle颜色库 ………………………………………………………… 258

附录C　Python语言常用内置函数 …………………………………………… 259

参考文献 ……………………………………………………………………… 260

第1部分
Python 语言基础

第 1 章　初识 Python 语言十六问

自从 1946 年发明计算机以来,七十多年的时间里,计算机程序设计语言层出不穷,种类繁多,Python 语言在短时间内从成百上千的同类产品中大浪淘沙、脱颖而出,它具有哪些独特魅力呢? 为了深入了解 Python 语言,走进 Python 语言与众不同的世界,本章将通过问与答的形式为读者逐层揭开 Python 语言的神秘面纱。

1.1　为什么要学习计算机编程语言?

Python 作为程序设计语言在短短的几年时间内得到了广泛的应用,几乎所有机器学习、人工智能、大数据分析等知识框架都是基于 Python 语言编写的,这就使得人们不得不认真思考一个问题:为什么要学习计算机编程语言?

首先,计算机编程能够训练人们的计算思维能力。人们通过学习数学知识,可以训练逻辑思维能力;通过学习物理知识,可以提升实证思维能力。而计算思维被称作第三种思维模式,它将具体问题之间抽象的交互关系设计成可以利用计算机求解的可行性方案,这种思维模式叫作计算思维。

由于计算机在人类生活领域的广泛渗透,理解计算机思考模式,通过计算机解决问题是人类必须掌握的技能之一,因此计算思维的训练必不可少。曾有科学家预言,未来人工智能社会,人与机器沟通的时间、频率将超过人与人之间的沟通,甚至人类之间沟通的语言也有极大的可能性被计算机语言替代。如果科学家的预想成为现实,那么对全人类而言,当务之急就是抓紧时间培养人们的计算思维能力,以便迎接日新月异的未来挑战。

其次,计算机编程能够为人类的生活带来欢乐。现有条件下,计算机程序的功能种类繁多,例如,制作各种游戏、从杂乱无章的数据中抽取有用信息、求解复杂高深的科学问题等。每个人在学习编程之前都怀有各种梦想,一旦通过自身不断的努力将理想变为现实,再通过互联网获得更广泛的传播,无形之中会大大提升人们的心理满足感、存在感,从而获得身心愉悦。

最后,计算机编程就业前景广阔。信息时代背景下,无论是国内还是国外,程序员的缺口都在百万级以上。只要熟练掌握、精通任意一门编程语言,都可以获得充分的就业机会,尤其是对目前专业不满意的人群非常适用。以 Python 语言为例,如果能充分掌握语言架框并能熟练运用,不仅能找到称心如意的工作,也会通过 Python 语言这个载体观察到不一样的世界,领悟到不一样的人生。

1.2　Python 语言为什么叫 Python？

Python 的中文意思是"大蟒蛇"。很多读者会疑惑，为什么叫这个名字？难道开发者的名字是 Python，或者说开发者本人喜欢大蟒蛇？事实上，以上两种说法都不正确。

荷兰人 Guido van Rossum（吉多·范·罗苏姆）是 Python 语言的发明者。在 1989 年的圣诞节，他准备开发一个新的脚本语言用来打发无聊的圣诞节假期，由于他超级喜欢英国的一部肥皂剧 *Monty Python's Flying Circus*，所以就将这个未来前途不可限量的程序命名为"Python"。怎么样，这个名称的起源令人大跌眼镜吧。

今天，很多 Python 语言的粉丝将大蟒蛇当作该语言的 LOGO 或代名词，大蟒蛇灵动的形象也加速了 Python 语言的认知与普及，两者相得益彰。

1.3　如何理解 Python 是一种开源语言的说法？

所谓开源，是指源程序的代码全部公开。

众所周知，信息技术在发展过程中曾经设置了森严的专业壁垒，使得早期技术发展缓慢。但是进入 21 世纪以后，信息技术取得了令人瞠目的创新与发展。毫不夸张地说，技术的提升离不开底层开发人员和草根工程师开源、共享精神的贯彻实施。因为再高级的技术随着时间的推移都会存在不同程度的局限与瑕疵，技术封锁带来的不是提升和改变，而是被历史无情地淘汰。反之，在开源、共享理念的支撑下，再拙劣的技术也会有长足的改进与发展，因为它凝聚了无数优秀人物智慧的结晶，远超过最聪明的个体。而 Python 语言正是基于这样一种理念，它包容、创新、开源、共享，三十年来取得长足进步，不断地推陈出新，生生不息向前发展。

另外值得一提的是 Guido van Rossum 曾经开发过名为 ABC 的高级语言，但是不幸的是 ABC 以失败告终，Guido 将失败最重要的原因归结为 ABC 语言不够开放。通过这一事例，可以帮助大家更好地理解 Python 作为一门开源语言的原因与优势。

1.4　如何理解 Python 是一种生态语言的说法？

自然界中生物种类繁杂多样，彼此相互依存、共同繁衍，构成了美丽、多元的大千世界。同样，计算机技术领域也是如此。随着专业分工的精细化和智慧引领的不断深入，以生态资源大融合为特点的包括数据库、图像处理、人工智能、云计算、电子电路设计等几乎所有信息技术领域之间的专业壁垒早已被打破，它们彼此交织渗透，在激烈的竞争中不断依存、发展、终结、再生，成为技术创新之源。

Python 语言目前拥有多达十多万个第三方数据库供人们免费使用。为了降低用户使用的复杂度，Python 语言将上述优秀成果"封装"起来。所谓"封装"就是人们无须了解每个库函数背后复杂的原理，只需要采取简单的"拿来主义"就能够方便地使用。这使得人类从此告别自力更生、逐行编写代码的编程方式，取而代之的是以 Python 作为底层语言，像搭积木一样按需所取、调用不同功能的函数库，从而帮助用户实现快速编程的美好愿望。

业界人士将 Python 语言这种"高黏合性"以及站在"巨人"肩膀上思考和解决问题的特征称为信息技术划时代的革命,得到了社会各界人士的广泛认可,推动了信息技术的繁荣与发展,促进了人类文明与进步。

1.5　为什么说学习 Python 语言符合时代需求?

计算机是人类最伟大的发明之一。自从 1946 年第一台计算机 ENIAC 诞生后,计算机技术发展日新月异,从最初辅助人类计算为主的单一计算设备发展到今天广泛渗透到人类生活各个领域的智能工具,计算机无疑带给人们的思想、认知、意识形态方方面面巨大的冲击。只有了解并认清计算机发展趋势,才能更好地把握未来,才能不被快速发展的社会变革所淘汰。表 1-1 列出了计算机技术发展的四个阶段,以此说明学习 Python 语言符合时代需求。

表 1-1　计算机技术发展的四个阶段

时间	阶段名称	标志	技术领域	应用范围	运行平台	典型语言
1946—1981年	系统结构阶段	ENIAC 诞生	计算机系统结构	科学及商业数值类计算	超级计算机、高性能计算机、工作站、PC	C 语言
1982—2007年	网络及视窗阶段	TCP/IP 网络协议标准化	网络视窗多媒体技术移动网络	互联网时代来临	PC 及服务器	VB、VFP、VC++、Java
2008年至今	复杂信息系统阶段	以 Android 开源移动操作系统发布为起点	概念虽多,但无人独领技术、人类意识到无法掌控计算机系统的复杂性	移动互联网、多核、众核、云计算、大数据、可穿戴计算、物联、互联网+、可信计算	手机、PC、服务器	Python 3.X
未来20年后	人工智能阶段	人类进入未知阶段	量子计算智能机器人深度学习开源硬件	替代人类所有非创造性工作	不再有独立的载体	

1.6　为什么说 Python 是一种简洁、优雅的语言?

相比 C++语言、Java 语言的烦琐复杂,Python 语言的语法风格崇尚简单、自然、实用,编程模式符合人类思维习惯。用它编写的代码,让人感觉编写容易、理解方便、执行效率高。同一问题的解决方法,用其他语言编写代码,至少需要三四条语句,而用 Python 语言表达,一条语句就能描述得淋漓尽致,其精妙之处令人赞叹。

Python 语言的粉丝们甚至发明了一个专有名词叫 Pythonic,特指像 Python 语言那样简单、清晰的风格,由此可见人们对这种风格的热爱与推崇。Python语言这种简洁、优雅的特性也是它快速传播、流行、被人们所喜爱的一个非常重要的原因。

1.7 为什么说Python语言是通用性语言?

计算机高级语言分为通用性语言和专用性语言两种。专用性语言是指用于编写特定程序的语言,如HTML(超文本链接语言)。这类语言由于方向固定,应用领域比较狭窄。通用性语言是指语法没有专门、特定的程序元素,可以用来编写各种应用类型的程序设计语言。由于通用性语言应用范围广泛,被称为跨平台应用的基础语言。

Python语言就是这样一门典型的通用性、跨平台、高级动态编程语言。它拥有众多内置对象及功能强大的标准函数库和扩展库,不仅支持命令式编程,也支持函数式编程,有效地帮助了各领域专业人士快速验证自己的思路与创意需求。

1.8 为什么将Python语言称作脚本语言?

计算机高级语言根据执行机制的不同分为两大类:静态语言和脚本语言。

静态语言采用编译方式执行,而脚本语言采用解释方式执行。对于计算机内部而言,无论采取哪种执行方式,它都生成一个可执行的文件。对广大用户而言,执行程序的方法是一样的,例如通过双击鼠标调用某个应用程序。

但是对计算机而言,内部执行过程采取的是编译方式还是解释方式具有明显的区别。

编译方式是指将程序的源代码集中转换成目标代码的过程。其中,源代码是指人类可以阅读的某种高级语言程序的代码,而目标代码是机器可识别的二进制语言。人们把执行编译功能的计算机程序称为编译器(compiler)。

解释方式是指将程序的源代码逐条转换成目标代码并逐条运行目标代码的过程。人们把执行解释功能的计算机称为解释器(interpreter)。

说到底,编译方式与解释方式有什么区别呢?编译方式是把所有源代码语句全部输入后一次性翻译成目标代码。一旦程序被成功编译,就不再需要源代码或编译程序了。而解释方式在每次程序运行时都需要解释器和源代码,两者缺一不可。

如同一段外语资料对翻译者而言是采取段落的整体翻译还是一句一句翻译更好呢?结论是:翻译结果一样,但处理过程大不相同。

采用编译方式执行的编程语言叫静态语言,如C语言、Java语言等。

采用解释方式执行的编程语言叫脚本语言,如Python语言、PHP语言、JavaScript语言等。

两者相比,谁的优势更明显呢?答案是各有利弊。

解释方式采取逐条运行代码的策略,能够将用户思路彻底呈现,结果清晰可见。同时,针对出现的错误能够快速定位、快速纠错。另外,它支持跨硬件或跨操作系统平台,有利于系统的升级与维护。但是不得不说,解释方式缺乏统揽全局、优化模块的过程。

Python语言作为广泛使用的通用型脚本语言,采用解释方式执行。但是它的解释器也保留了编译器的部分功能。随着程序的运行,解释器也会生成一个完整的目标代码。这种将解释器与编译器结合的新型解释器,也是现代脚本语言为了提升计算机性能而采取的技术层面的演进。

1.9 为什么说 Python 语言既体现面向对象又体现面向过程的程序设计思想?

用户面临一个尚待解决的问题时,常见的程序设计方法有面向过程和面向对象两种不同的思路,两者有何区别呢?

面向过程是一种以过程为中心的编程思想。首先,用户要厘清解决问题所需要的所有步骤;然后为每一步骤找到适合的算法;最后通过编写相应代码,一步一步解决问题。

例如,计算圆的面积。首先要了解圆的面积与半径值具有的密切关系。因此,第一步就要想办法获取半径值 r;接下来还要知道求解圆面积 s 的公式是 s=π×r×r;最后将计算出的结果按照要求输出。

对用户而言,要想解决上述问题,弄清这三个步骤的先后顺序至关重要,它是正确解决问题的关键。在面向过程的程序设计理念中,语句之间按照何种方式执行,系统给出了三种常见的语句结构,分别是:顺序结构、分支结构和循环结构。它们决定了程序中各语句执行的先后顺序,执行顺序不同,结果大相径庭。

面向对象的程序设计的核心思想是:万事万物皆是对象。描述一个对象要分清它的类别、属性、能够完成的动作和方法。为了方便用户使用对象,每个对象具有封装性、抽象性、继承性和多态性等特点。

当用户面对一个复杂的事物时,不需要考虑每个对象内部细致的工作原理,只需要分清该事物由哪些对象组成,并根据需要为每一个对象设置必要的属性、方法、动作。

由于 Python 语言在程序设计过程中既体现了面向对象又体现了面向过程的程序设计理念,并把两者有机结合在一起,有效地提高了用户编程效率,促进了 Python 语言在众多领域深入发展和广泛流行。

1.10 为什么说 Python 语言是一门免费的语言?

获取 Python 语言版本的最佳途径是访问它的官方网站 https://www.Python.org。用户可以根据操作系统、处理器位数的不同在官网上随时下载各个版本,官方也会不定期地推出更新、更完善的版本。这个网站是由 Python 软件基金会(Python Software Foundation,PSF)维护的,它是一个非营利组织,拥有 Python 2.1 之后的所有版权,即使用于商业用途也不存在收费及授权问题,目的是可以更好地推进并保护 Python 语言的开放性,因此说 Python 是一门免费的语言。

1.11 Python 2.X 和 Python 3.X 有何区别?

Python 语言自从 1991 年问世以来,版本不断地更新,用户在官网上可以同时下载 Python 2.X 和 Python 3.X 两个不同系列的版本,但需要注意的是两者不完全兼容,主要区别如表 1-2 所示。

表 1-2　Python 2.X 版本与 Python 3.X 版本区别

版本	发布时间	终结(当前)版本	特　点
2.X	2000 年 10 月	Python 2.7	具有划时代意义,解决了运行环境及解释器等诸多问题
3.X	2008 年 12 月	Python 3.9.1	面向对象,增加了许多新标准库,对原来的库进行了删除、合并及拆分

　　Python 3.0 发布于 2008 年 12 月,它是 Python 语言的一次重大升级,内部解释器完全采用面向对象方式,剔除了 Python 2.X 系列中部分混淆的表达方式。对初学者而言,两者差别很小,学会使用 Python 3.X 系列也能看懂 Python 2.X 语法表达方式。

　　如果用户在工作、学习中的开发环境已经采用 Python 2.X 系列版本并且无法改变开发环境,请继续使用 Python 2.X 系列版本。还有一种情形是,用户使用的某一个第三方数据库因为无人维护,不提供 Python 3.X 系列版本,也请使用 Python 2.X 系列版本。

　　从 2008 年开始,Python 语言编写的几万个标准函数库和第三方函数库开始了历经 8 年的版本升级过程。直到 2016 年,几乎所有 Python 语言重要的标准函数库和第三方函数库都能够在 Python 3.X 系列版本下运行,Python 3.X 系统越来越稳定,功能越来越完善。因此,有人称 Python 2.X 系列已经成为过去,Python 3.X 系列代表现在与未来。本书采用 Python 3.7.2 版本编写并运行程序,也请读者根据需要选择下载适合的版本。

1.12　什么是 IDLE?

　　IDLE(Integrated Development Environment,集成开发环境)是 Python 创始人创建的一个系统自带的集成开发环境,它界面友好,操作简单,方便用户操作使用。IDLE 不仅提供了一个功能完善的代码编辑器,还提供了一个 Python Shell 解释器和调试器。它允许用户在代码编辑器完成编码后,在 Shell 中实验运行并且使用调试器进行调试。本书所有程序均已通过 IDLE 编写、调试并运行。

　　IDLE 的第一行标明了系统的版本号;第二行是系统菜单,里面包含众多子菜单,用以完成各种编辑调用功能。它由">>>"开头,表示命令提示符。用户需要在半角、英文标点符号状态下输入相关命令。输入一行命令后按 Enter 键,系统立刻执行。如果用户输入的信息正确无误,系统立即显示结果,否则给出错误信息产生的具体原因。如果系统提示出现错误,用户不能对已经执行过的命令、结果、文字进行修改,只能通过重新输入正确的语句再运行、再调试,直到得出正确结果为止。

1.13　使用 IDLE 时有哪些相关技巧?

　　在 IDLE 编辑器中,如果用户能够掌握各种高亮显示颜色的内在含义或灵活地使用快捷键,与 Python 语言的交流将更顺畅、更有效率。IDLE 的高亮颜色说明及快捷键使用技巧如表 1-3 所示。

表 1-3　IDLE 有关说明及小技巧

高亮显示颜色名称	颜色含义	快捷键名称	快捷键功能
橘黄色	关键字（33 个）	Alt＋P(Preview)	返回上一条命令
绿色	字符串	Alt＋N(Next)	移至下一条命令
紫色	内置函数	F5	运行当前程序
红色	注释	Ctrl＋Z	撤销最后一次操作
蓝色	结果	Tab(非常实用)	提供关键字列表

1.14　运行 Python 语言有哪些方法？

运行 Python 语言有交互式和文件式两种方法。交互式是指用户输入一条命令后，系统立刻给出输出结果。文件式是指用户将多条语句代码放在一个文件中，然后由系统运行该文件，得出相关输出结果。交互式常用于调试少量代码，文件式是最常用的编程方法。

1. 交互式

用户需要在 IDLE 的">>>"命令提示符后输入相关命令，如用户输入正确，系统立刻显示结果，否则给予相应错误信息提示。人们把这种人机对话方式称为"交互式"。交互式的特点是一问一答，即时提问，即时回答，有助于理解各种命令功能。图 1-1 展示了 IDLE 交互式运行环境下人机对话的方法。

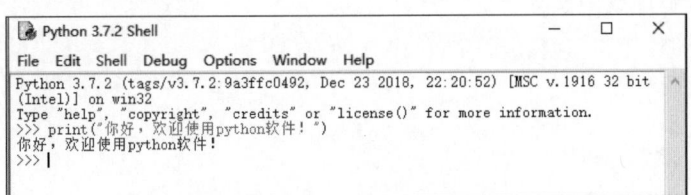

图 1-1　IDLE 交互式运行环境

2. 文件式

用户使用交互式方法与计算机沟通具有方便、快捷的特征。但有时用户不希望在输入某个命令后立刻得到结果，或者说在输入几条命令后再得到想要的结果，这时采用交互式沟通就显得无能为力了。为了解决这个问题，需要使用另一种人机对话方式——文件式。

关于程序文件的创建及使用方法，将在第 2 章中详细介绍。

1.15　何谓 Python 之禅？

如果用户编写的代码想要具有 Pythonic 风格，正确理解 Python 之禅的含义就显得格外重要。Python 之禅的作者是 Tim Peters，用户在 IDLE 下输入 import this 命令后就会得到如下信息。

>>> import this
The Zen of Python, by Tim Peters
Beautiful is better than ugly.

Explicit is better than implicit.
Simple is better than complex.
Complex is better than complicated.
Flat is better than nested.
Sparse is better than dense.
Readability counts.
Special cases aren't special enough to break the rules.
Although practicality beats purity.
Errors should never pass silently.
Unless explicitly silenced.
In the face of ambiguity, refuse the temptation to guess.
There should be one-and preferably only one-obvious way to do it.
Although that way may not be obvious at first unless you're Dutch.
Now is better than never.
Although never is often better than *right* now.
If the implementation is hard to explain, it's a bad idea.
If the implementation is easy to explain, it may be a good idea.
Namespaces are one honking great idea-let's do more of those.
将上述英文翻译成中文如下。
优美胜于丑陋。
明了胜于隐晦。
简洁胜于复杂。
复杂胜于凌乱。
扁平胜于嵌套。
间隔胜于紧凑。
可读性很重要。
即便假借特例的实用性之名,也不要违背上述规则。
除非你确定需要,任何错误都应该有应对策略。
当存在多种可能,不要尝试去猜测。
对于问题尽量找一种,最好是唯一明显的解决方案。
做也许好过不做,但不假思索就动手还不如不做。
如果你无法向人描述你的实现方案,那肯定不是一个好方案。
如果实现方案容易解释,就可能是一个好方案。
命名空间是绝妙的理念,要多多运用。

1.16 Python 语言的应用领域有哪些?

Python 语言拥有丰富的函数库,它的应用领域非常广泛,几乎渗透到各行各业。包括人工智能、大数据处理、系统结构、文本处理、虚拟现实、逻辑控制、创意绘图及随机艺术等。

未来20年，人类将逐步迈进人工智能时代。正如2019年5月16日习近平总书记在北京召开的国际人工智能教育大会致辞中所说：人工智能是引领新一轮科技革命和产业变革的重要驱动力，正深刻改变着人们的生产、生活、学习方式，推动人类社会迎来人机协同、跨界融合、共创分享的智能时代。把握全球人工智能发展态势，找准突破口和主攻方向，培养大批具有创新能力和合作精神的人工智能高端人才，是教育的重要使命。

未来，如果想在人工智能领域有所建树，学习并熟练掌握Python语言必不可少，同时也要正确理解每一种高级语言的特点。以人工智能为例，其核心算法如深度学习、机器学习等代码通常由C/C++语言编写，因为它们属于计算密集型算法，需要非常精细的优化过程。另外，为了解决核心问题还需要使用GPU及各种专用硬件接口，这些都只有C/C++语言能够做到，从某种意义上讲，C/C++语言才是人工智能领域最重要的语言。

Python语言作为一种脚本语言，运行速度虽然没有Java语言、C++语言快，但是它编写代码简洁、优美，因此可以充分发挥Python语言的长处，用它调用人工智能的各种功能接口。也就是说，利用Python语言写出调用接口的框架，告诉系统第一步做什么，第二步做什么……上述调用工作只需几行代码就可以完成。

由此可见，任何一门高级语言都有其适用性及局限性。各种语言交叉并用，充分利用不同语言的特点寻找现实世界复杂问题的最优解决方案是最成熟、最实际、最高效的策略。

以上十六个问题基本回答了初学者针对Python语言产生的普遍疑惑，希望通过详细解答能够引领读者对Python语言有更深入的思考，带给读者更多的智慧与启迪。

让我们从今天开始，制定一个可以达成美好愿望的可行性方案，努力学习Python语言，一起探索神奇而美妙的计算机世界吧！

第 2 章　Python 语言基础

通过第 1 章知识点的学习,读者对 Python 语言的特点、功能有了初步的认知和了解,为了进一步探索 Python 语言迷人的魅力,从本章开始将介绍 Python 语言重要的基础知识。

试想一下:人类同计算机进行沟通,是不是人类输入任何符号,计算机都能识别并充分理解呢?显然不可能。如果你是 Guido(Python 语言的发明者),当你开发一门崭新的程序设计语言时,你会如何架起人类与计算机沟通的桥梁?

你可能会说:我会设定一些具有特定含义的单词,并告诉计算机它们的含义,当我输入这些单词时,计算机就会明白其用途。是的,你的想法真是太棒了!正如你所想,Python 语言同其他高级语言一样,拥有自己独特的保留字,它们被赋予了特殊含义,用来构成程序整体框架或者用来表达具有结构性特点的复杂语义。接下来,就让我们从了解 Python 语言保留字开始吧!

2.1　保　留　字

保留字(keyword)又称关键字,在 Python 3.×系列的版本中共有 33 个,如表 2-1 所示。需要说明的是,Python 语言对保留字的大小写敏感,例如,for 是保留字,但 For 就不是保留字。

了解并熟知 Python 语言的 33 个保留字至关重要。首先,用户所起的变量名、文件名、函数名等不能与保留字同名,否则系统就会提示错误信息。另外,掌握保留字的含义也有助于理解程序或函数的功能与含义。

表 2-1　33 个保留字及含义

保留字	含　　义
False/True	逻辑假/真
None	空值
and/or/not	逻辑与、或、非运算符
as	在 import 或 except 语句中给对象起别名
assert	断言,用来确认某个条件必须满足,帮助调试程序
break	用在循环中,提前结束 break 所在层次的循环
class	用来定义类
continue	用在循环中,提前结束本次循环
def	用来定义函数
del	用来删除对象或对象成员

续表

保留字	含义
elif	用在选择结构中,表示 else if 的意思
except	用在异常处理结构中,用来捕获特定类型的异常
else	用在选择结构、循环结构和异常处理结构中
finally	用在异常处理结构中,用来表示不论是否发生异常都会执行的代码
for	构造 for 循环
from	指明从哪个模块中导入什么对象,还可以与 yield 构成 yield 表达式
global	定义或声明全局变量
if	用在选择结构中,用于对条件进行判断
import	用来导入模块或模块中的对象
in	成员测试
is	同一性测试
lambda	匿名函数
nonlocal	用来声明非局部变量
pass	空语句,执行该语句时什么都不做,常用作占位符
raise	用来显式抛出异常
return	在函数中用来返回值,如果没有指定返回值,则返回空值 None
try	在异常处理结构中用来限定可能会引发异常的代码块
while	构造 while 循环结构,如果条件表达式值为 True,重复执行代码块
with	上下文管理,具有自动管理资源的功能
yield	在生成器函数中用来返回值

2.2 常量与变量

Python 语言根据处理数据的数值或者类型是否具有变化性,将数据分为常量和变量两种。

常量是指数值和类型都不会发生改变的数据,如 3.14、"张三"、[1,2,3]等。

变量是指数值或者类型都可以随时变化的数据,如张三,pi 等。

也许有人会产生如下疑问,为什么"张三"和张三一个是常量,一个是变量呢?仔细观察就会发现,区别就在于"张三"的外围加了一对""引导的界限符,而张三却没有。不要小瞧这对界限符,接下来让我们详细了解常量与变量的区别。

2.2.1 常量的数据分类

3.14 与"张三"都是常量,但两者数据类型不同。3.14 是数字型常量,Python 中的数字与数学领域中的数字概念及使用方法相似,不需要任何界限符,用户可以直接输入、直接使用。而"张三"是字符型常量。这类常量的使用必须在两侧加一对单引号"' '"或一对双引号""""作为界限符。界限符里面表示的数据种类非常多样,例如,数字 0~9、26 个英文字母、各种符号、汉字等。

```
>>> 3.14
3.14
>>> "张三"
'张三'
```

张三是变量,原因在于它的外围没加任何界限符,张三是变量的名字,我们通过输入张三这两个字符引用该变量。

为什么给变量起名叫张三呢?能否叫李四呢?接下来,让我们了解一下变量的命名规则。

2.2.2 变量的命名规则

为了区别一个变量与另一个变量的不同,首先要给变量定义合法的标识符,这个过程叫作变量命名。Python语言允许采用大、小写英文字母、下画线、汉字、数字等多种字符相互组合方式给变量命名,但是变量名字的首字符不能是数字,中间不能出现空格或除下画线之外的任何其他标点符号,不能使用系统定义的33个保留字,不建议使用系统内置函数名、标准库及扩展库中的函数名作为变量名。系统对大、小写字母敏感,也就是说,A与a是两个不同的变量。

以下字符均为合法的标识符:

For　　wang　a1　_1　_is_me　　Python_go

以下字符不是合法的标识符:

for　a.1　x+y　3-c　1sum　class　Python$　!abc

请读者仔细观察并一一指出上述不合法标识符错误的原因。

2.2.3 变量的赋值方法

变量除了要正确定义其名字外,还需要通过赋值命令指定该变量的类型及数值。通常使用"="给变量赋值。

"="功能:将等号右边的数据或表达式的类型连同数值大小赋值给左边的变量。

```
>>> x = 3
>>> y = 5
>>> x, y
(3,5)
```

由于同时输出两个变量的值,输出结果外围加上一对圆括号"( )"表示一组数据。用一对圆括号"( )"将数据括起来的方式叫作元组数据,我们将在第4章详细介绍元组数据的使用方法。

如何将两个变量 x 和 y 的值进行交换?很多高级语言采用的方法是引入第三个变量m。先将其中的一个变量 x 的值赋给变量 m,再将 y 的值赋给变量 x,最后将 m 的值赋给变量 y。以上过程至少需要三条语句来实现变量之间的数值交换。但是使用 Python 语言,一步操作即可完成同样的任务。

```
>>> x,y = y,x
>>> x,y
(5,3)
```

显然,Python 语言简洁、优雅的风格的确与众不同,它更符合人类思维方式的特征,也是众多粉丝极力推崇的 Pythonic 风格的具体表现。

除了常规赋值方法,Python 语言还可以进行链式赋值、同步赋值、多重赋值、增量符号赋值等多种形式的赋值方法。

1. 链式赋值

```
>>> a = 16
>>> b = a = a + 5
>>> b
21
>>> a
21
```

先将 a+5 计算出结果 21,将 21 赋值给最近的变量 a,再将 a 赋值给 b 变量。通过链式赋值实现了变量值之间的数据传导功能。

2. 同步赋值

与众多高级语言不同,Python 语言可以使用一个赋值命令"="给多个变量同时赋值,各变量之间用","分开。需要注意的是变量个数与赋值数据的个数要匹配。

```
>>> pi,r = 3.14,3
>>> pi
3.14
>>> r
3
```

采用同步赋值方法,不仅可以将数据赋值给变量,也可以将一个变量赋值给另一个变量。

```
>>> x = 2
>>> y = 3
>>> x,y = y + x,y – x
>>> x,y
(5,1)
```

3. 多重赋值

Python 语言也允许在一行内用多个赋值命令"="给多个变量赋值,各变量之间用";"分开,这种简化的赋值方法减少了书写代码的行数,提高了系统执行效率。

```
>>> m = 2;n = 3;t = 4
>>> m,n,t
(2,3,4)
```

4. 增量符号赋值

很多高级语言都允许使用增量符号给变量赋值,Python 语言也不例外。正确理解并熟练使用增量符号,能让编写的程序更加简洁明了,表 2-2 列出了增量赋值符号的使用方法。

表 2-2 增量赋值符号的用法

增量赋值符号	简 化 式
A+=B	A=A+B
A-=B	A=A-B
A*B=B	A=A*B
A/=B	A=A/B
A%=B	A=A%B
A**=B	A=A**B

```
>>> a,b=8,9
>>> a*=b
>>> a
72
```

请读者认真思考下述语句执行后产生相应结果的原因。

```
>>> x,x=-10,20
>>> x
20
>>> x=20
>>> x,x=3,x*3
>>> x
60
```

说明:先将数字-10 赋值给变量 x,再将数字 20 赋值给变量 x,这时输出 x 的值为最后一次赋值的结果 20。接下来,将数字 20 赋值给变量 x,再将数字 3 和表达式 x*3 赋值给变量 x,输出的结果为最后一次赋值的表达式的值 20×3=60。

2.3　函数及函数库简介

任何一门高级语言都拥有丰富、强大的函数库,Python 语言也不例外。所谓函数,就是系统事先定义好的一段程序,它可以完成某些特定的功能,对于用户而言无须知道函数定义背后复杂的代码,使用前只需要调用这些函数就可以完成相关的功能。函数的发明令编程活动变得简单又高效。

通常,每个函数都有一个名字,名字后面有一对圆括号"()",括号里面是该函数的参数,参数个数因情况而定,可能为一个、两个甚至多个,也可能为 0。

Python 作为一门生态语言,拥有种类丰富、功能强大的几十万个数据库,这些数据库被分为三种不同类型的函数库。一种叫作内置函数库,用户可以在文件中或 IDLE 的命令提示符后面直接调用此类函数,以此完成不同的功能。一种叫作标准函数库,如 turtle 库、math 库等。这类函数是 Python 语言系统安装包自带的,用户必须通过 import(导入)命令调用后才能使用。还有一类函数叫作第三方函数库,它们不是Python系统安装包自带的,如jieba库。针对第三方函数库,用户必须通过pip命令安装后才能使用。

接下来介绍三个常见内置函数使用方法,分别是输出函数、输入函数和字符处理函数。

2.3.1 输出函数

格式:

print()

功能:将括号内的信息输出到屏幕上。

说明:括号里面的参数类型可以是字符串、变量,也可以是表达式。如果是表达式,系统会自动计算表达式的值,再将结果输出。如果用户需要同时输出多个数据,参数中各数据之间用","分开,输出结果默认以空格分隔。如果用户在输出结果后面再输出其他符号信息,可以采用end="分隔符"形式定义显示结束后输出信息内容。

```
>>> print("再识python,了解更多!")
再识python,了解更多!
>>> print(3*5-6,76)
9 76
>>> print(1,2,3,end=",")
1 2 3,
```

2.3.2 输入函数

格式:

input()

功能:从控制台(可能是文件、键盘、鼠标、网络等)获得用户输入,无论用户输入任何数据内容,该函数都会把用户输入的数据当作字符串,并返回相应处理结果。

说明:计算机在执行该命令时,等待用户从控制台输入一个数据,如果用户不输入数据,系统就不会往下执行后续语句,因此友善地提示用户输入相关信息显得尤为重要。通常的做法是在括号内给出一些提示文字说明,但这些文字必须以字符串形式存在,即需要加字符串界限符。

```
>>> input("请输入:")
请输入:python
'python'
>> input("请输入:")
请输入:123.45
'123.45'
```

2.3.3 字符处理函数

格式:

eval()

功能：将括号内输入的字符串先去掉最外层界限符，然后根据字符串内部的情况再执行该语句，并返回相应的输出结果。

```
>>> eval('hello')
Traceback (most recent call last):
  File "<pyshell#0>", line 1, in <module>
    eval('hello')
  File "<string>", line 1, in <module>
NameError: name 'hello' is not defined
```

通过观察，发现系统给出了错误信息提示，这是为什么呢？

原来，系统首先去掉最外层界限符' '，认为 hello 是一个变量。由于 hello 变量事先并没有被定义，因此系统提示错误信息。重新输入数据，如下例。

```
>>> eval('"hello"')
'hello'
```

由上例可知，系统首先去掉最外层界限符' '，然后将剩余的字符串"hello"显示输出。

```
>>> x = 1
>>> eval('x + 1')
2
>>> eval('1.1 + 2.3')
3.4
```

由上例可知，系统首先去掉最外层界限符' '，然后将表达式计算出结果显示输出。

现将上述三个函数功能总结如下，如表 2-3 所示。

表 2-3 Python 语言三个常见内置函数的差别

函数名称	函数功能	输入参数类型	返回结果类型
input()	从键盘上输入数据	字符串或数字均可	字符串
print()	将结果输出到屏幕上	字符串、数字、表达式均可	视情况而定
eval()	将输入的字符串转变成 Python 语句，并执行该语句	只接收字符串数据的输入	视情况而定

2.4 程序及其相关概念

在 IDLE 操作环境下，每执行一条命令或者调用一个函数都可以得到相关反馈信息。但是面对复杂问题，有时用户不想立竿见影得出结果，或者说在语句执行过程中不想按部就班一条一条地输入语句并执行，这就需要采取另一种解决问题的思路，即创建程序文件实现交互功能。

程序文件，是将多条语句按照一定的顺序整合在一起并且能够实现某种功能的代码集合。

2.4.1 创建程序文件的步骤

创建程序文件需要以下四个步骤。

第一步,创建一个程序文件。打开 IDLE 编辑器,在菜单中选择 File→New File 命令,这时系统会打开一个新的窗口,然而这个新窗口并不是交互模式,它是一个 Python 语法高亮辅助编辑器,称为"程序编辑窗口"。

第二步,编写代码。用户需要在编辑器中逐行输入解决相关问题的代码。例如,输入如下语句:print("这是我的第一个程序!")。

第三步,保存并运行程序。在菜单中选择 File→Save(Save as)命令,为上述代码起一个扩展名为.py 的文件名,主文件名自行定义,并保存在适合的路径下。

第四步,运行程序文件。在菜单中选择 Run→Run module 命令或者按快捷键 F5,运行该文件。如果代码正确,系统回到 IDLE 编辑器显示结果,否则在编辑器中给出错误信息产生的原因。用户需要重新回到"程序编辑窗口"修改,直到生成正确的结果。

如果一段程序经过测试变成了可执行的文件,它可以被用户反复调用,也可以在不同的集成环境中运行。这就是人机交互过程中文件式与交互式的最大区别。

需要说明的是,如果用户成功创建了某个扩展名为.py 的文件,不能通过双击操作执行该文件(有时会出现闪退现象),只能通过在 IDLE 操作环境中打开该文件并选择相关命令或菜单操作方可运行或修改该文件。

2.4.2 程序的缩进

用户在编写程序代码时,可能会遇到缩进现象。

缩进是指每行语句开始前的空白区域,它可以用来表示各语句之间的包含或层次关系。一般代码在书写时不需要采用缩进方式,用户需要顶行书写并且不能留下任何空白区域,否则系统就会提示错误信息。但是,当程序中出现表示分支、循环、函数、类等保留字时,如 if、while、for、def、class,这些保留字语句的后面通常使用":"结尾,那么在这些语句的后面必须采用缩进形式,表明后续代码与紧邻无缩进语句之间的从属关系,如图 2-1 所示。

与很多高级语言不同,Python 语言采用强制缩进方式。系统默认的一级缩进为 4 个空格。用户在代码编写过程中,可以使用 Tab 键实现缩进功能,也可以使用 4 个空格实现缩进,但两者不可混用。Python 语言对语句之间的层次关系没有限制,用户可以嵌套使用实现多层缩进。

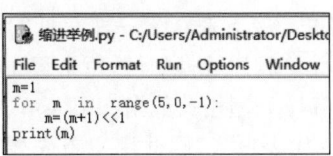

图 2-1 缩进示例

2.4.3 程序的注释

注释是程序代码辅助性文字,也是非常重要的组成部分,并非可有可无,通常用于程序员对代码的解释与说明,如介绍开发者的信息、开发时间、版权声明等。注释主要是给读者提供信息,它在程序执行时被解释器自动略去,不会被计算机执行。

Python 语言有单行注释和多行注释两种方法。

1. 单行注释

单行注释的位置可以在一行中的任意位置,通常采用"#"符号表示该行注释的开始,其后面的本行内容将被当作注释信息,而之前的内容仍然是Python语言执行程序的一部分。

```
#这是注释信息,不会被执行        print("我很快乐!")
print("我很生气!")
```

运行结果是:

我很生气!

第一行语句被忽略,不会被执行。
也可以在一行的行末注释:

```
area = (length + width) * 2            #计算长方形的周长
```

"#"符号之前所有代码都被系统正常执行,在其后的注释部分不被执行。

2. 多行注释

如果需要对多行语句注释,则在每一行代码需要注释的位置前面都要加上"#"符号。如果注释的内容超过一行,也可以使用三个双引号"'''"或者三个双引号""""""将注释内容括起来。

```
'''
print('hello')
print('hello')
print('hello')
上面三行代码不会被系统执行
'''
```

2.4.4 IPO编程模式

初学者有时感到非常困惑,不知道采用什么方法能把自己的思路转换成计算机能执行的方式。接下来介绍一种常见的编程方法,即IPO模式。

无论程序规模如何,每个程序都有统一的处理模式:找到需要输入的数据(input)、采用适宜的算法处理相关数据(process)、将数据结果输出(output),这种处理方法称为IPO模式。

I代表输入,因此用户首先要考虑数据的输入问题。由于数据来源种类丰富,常见的数据输入方式可能来自于文件、网络、控制台(键盘)、交互界面、随机数据、内部参数等多种形式。

当用户把准备处理的数据输入计算机后,接下来就要考虑采取何种适宜的处理方式处理这些数据,以便能够顺利地得到想要的结果。处理问题的方法被称为"算法",它是程序最重要的组成部分,被称作程序的"灵魂"。同一个问题可以采用不同的算法解决,而一个算法的质量优劣将影响到整个程序执行的效果和结果。通常,系统会从算法的时间复杂度和空间复杂度两方面综合考量算法的优劣程度。能否在有限的时间内、正确地解决问题,是衡量一个算法是否优秀的重要标准。

经过一番辛苦运算,用户将运算结果通过控制台、图形、文件、网络等多种形式展示出来的过程称为输出。

由此可见，IPO 编程模式非常重要，它能够帮助初学者了解程序设计的完整流程，从而建立程序设计的基本概念。

2.4.5 编程中常见的错误及原因分析

有时用户因为粗心大意或者对知识点掌握不够全面，常常输入错误的代码。对于一些简单的错误，IDLE 会及时辨认并且做出及时反应，提示错误信息方便用户及时修改。下面列出编程中常见的错误及产生的原因。

（1）试图改变字符串的值。字符串是不可变的数据，尝试修改字符串的值会引发 TypeError。

```
s = '123'
>>> s[2] = 'a'
Traceback (most recent call last):
  File "<pyshell#2>", line 1, in <module>
    s[2] = 'a'
TypeError: 'str' object does not support item assignment
```

（2）在 for、while、if、elif、else、def、class 等保留字后面忘记添加冒号（:），会导致 SyntaxError。

```
>>> i = 0
>>> while i > 3
SyntaxError: invalid syntax
```

（3）试图连接字符串与非字符串，会导致 TypeError。

```
>>> a = 12
>>> b = '34'
>>> a + b
Traceback (most recent call last):
  File "<pyshell#7>", line 1, in <module>
    a + b
TypeError: unsupported operand type(s) for +: 'int' and 'str'
```

（4）将等号"=="写成赋值符号"="，会导致 SyntaxError。

```
>>> a = True
>>> if a = Ture
SyntaxError: invalid syntax
```

（5）变量或函数没有定义就使用或者变量或函数名拼写错误都会导致 NameError。

```
>>> m
Traceback (most recent call last):
  File "<pyshell#11>", line 1, in <module>
    m
NameError: name 'm' is not defined
```

(6) 将保留字作为变量名会导致 SyntaxError。

```
>>> yield = 89
SyntaxError: invalid syntax
```

(7) 错误地使用缩进量会导致 IndentationError。
(8) 方法名拼写错误会导致 AttributeError。

```
>>> a = 'wert'
>>> a.lowrr()
Traceback (most recent call last):
  File "<pyshell#1>", line 1, in <module>
    a.lowrr()
AttributeError: 'str' object has no attribute 'lowrr'
```

2.5　turtle 函数库介绍

　　turtle 函数库是一个能够绘制各种图形的标准函数库,它诞生于 1969 年,中文名字叫海龟库,最早应用于 LOGO 编程语言。利用 turtle 库函数可以绘制各种直观有趣的图形,这种绘图方式非常流行,因此 Python 引入了 turtle 函数库概念,将其作为自身的标准库之一。图 2-2 展示了利用 turtle 函数库绘制的各种漂亮的图形。

 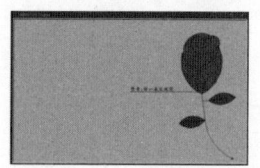 

图 2-2　利用 turtle 绘制的图形

2.5.1　标准函数库的导入方法

　　turtle 作为标准函数库之一,用户要想使用库中函数完成相关功能,需要先导入该库才行。导入标准函数库的方法有以下三种。

1. 方法一

```
import <库名>
<库名>.<函数名>(<函数参数>)
```

例如:

```
import turtle
turtle.setup()
turtle.pensize(23)
```

2. 方法二

```
from <库名>  import  *
```

其中，*表示所有函数。

例如：

```
from turtle import *
setup()
pensize(23)
```

3. 方法三

from <库名> import 对象名 as 别名

或

import <库名> as <别名>

例如：

```
from turtle import pensize as tt    #将turtle函数库中pensize函数重命名为tt
import turtle as t                  #将turtle函数库重命名为t
```

用户可以对库或者库中的某一个函数重新命名，命名后再使用上述函数时可以直接引用新名字。

2.5.2 turtle函数库常见函数功能介绍

1. 绘图坐标体系

使用turtle库绘制图形时首先假定一个小海龟位于画布正中央，此时小海龟的起始坐标为(0,0)，行进方向为水平右侧。系统规定了小海龟拥有前进、后退、旋转等爬行行为，它的爬行轨迹构成了用户真正要绘制的图形。图2-3显示了turtle库绘图坐标体系。

2. setup()

(1) 格式：setup(width,height,startx,starty)。

(2) 功能：初始位置设置函数。

(3) 参数说明。

width：窗口宽度。如果值是整数，表示像素值；如果值是小数，表示窗口宽度与屏幕的比例。可省略。

height：窗口高度。如果值是整数，表示像素值；如果值是小数，表示窗口高度与屏幕的比例。可省略。

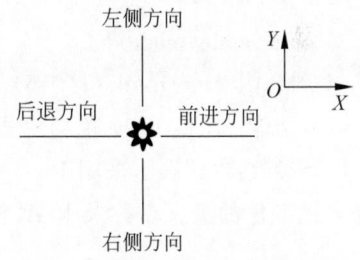

图2-3 turtle库绘图坐标体系

startx：窗口左侧与屏幕左侧的像素距离，如果值是None，窗口位于屏幕水平中央。不可省略。

starty：窗口左侧与屏幕顶部的像素距离，如果值是None，窗口位于屏幕垂直中央。不可省略。

3. penup()

(1) 格式：penup()。

(2) 功能：抬起画笔，之后移动画笔但不绘制形状。

(3) 参数：无。

(4) 别名：penup()可简写为 up()或 pu()，三者功能一样。

4. pendown()

(1) 格式：pendown()。

(2) 功能：落下画笔，之后移动画笔绘制形状。

(3) 参数：无。

(4) 别名：pendown()可简写为 down()或 pd()，三者功能一样。

5. pensize()

(1) 格式：pensize(width)。

(2) 功能：设置画笔线条宽度。

(3) 参数：width 为设置的画笔线条宽度，如果为 None 或者为空，则返回当前画笔宽度。

(4) 别名：width(值)。

6. pencolor()

(1) 格式：pencolor((r,g,b))或 pencolor(颜色英文名称串)。

(2) 功能：设置画笔颜色。

(3) 参数：画笔颜色。无参数时返回当前画笔颜色。

(4) 说明：表示某种颜色既可以使用相应的英文单词描述，也可以采用计算机十六进制数表示。采用十六进制数描述某种颜色时需要在具体数值前加"♯"，书写时还要加界限符（一对双引号""或一对单引号''）。例如，灰色("♯EBEBEB")。另外，也可以使用常用的颜色体系之一 RGB()形式描述。

RGB 颜色体系诞生于 19 世纪中期，其中，R 表示红色，G 表示绿色，B 表示蓝色。由于每种颜色均采用 8 位二进制数表示，其取值范围是[0,255]，因此三种基本颜色及它们相互之间的叠加构成大约 256^3 种颜色。

7. colormode(mode)

(1) 格式：colormode(1/255)。

(2) 功能：切换 RGB 色彩模式，RGB 取值范围为 0～255 的整数或者 0～1 的小数。

(3) 参数："1"表示采用 RGB 小数形式；255 表示采用 RGB 整数形式。表 2-4 列出了部分常见颜色的英文名称及 RGB 整数及小数值对应关系。

表 2-4 部分常见颜色英文名称及 RGB 数值对照表

中文名称	英文名称	RGB 整数值	RGB 小数值
白色	white	255,255,255	1,1,1
黑色	black	0,0,0	0,0,0
洋红	magenta	255,0,255	1,0,1
蓝色	blue	0,0,255	0,0,1
黄色	yellow	255,255,0	1,1,0
青色	cyan	0,255,255	0,1,1
紫色	purple	160,32,240	1,0.39,0.28
粉色	pink	255,192,203	1,0.75,0.80
棕色	brown	165,42,42	0.65,0.16,0.16
金色	gold	255,215,0	1,0.84,0

8. forward()/backward()

(1) 格式：forward/backward(数值)。

(2) 功能：向前或向后移动。如果参数值为正数,向当前方向前进,否则按相反方向前进。

(3) 别名：fd()/bd()。

9. seth()

(1) 格式：seth(绝对角度值)。

(2) 功能：改变画笔绘制的方向,或者说设置小海龟当前行进的方向值。

(3) 说明：turtle 库的角度坐标体系以正东方向为绝对 0°,这也是小海龟初始爬行的方向,正西方为绝对 180°,系统默认为逆时针旋转,如图 2-4 所示。这个坐标体系是方向的绝对方向体系,与小海龟当前爬行方向无关,利用这一特点,用户可以根据需要随时更改小海龟的前进方向。

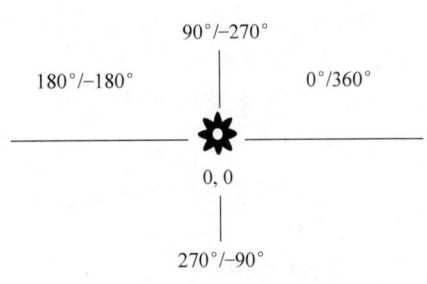

图 2-4　turtle 库的角度坐标体系

10. circle()

(1) 格式：circle(radius,extent,steps)。

(2) 功能：根据半径绘制相关弧度的弧形。

(3) 参数：radius(半径)值为正数时,半径在小海龟左侧,可以理解为逆时针画圆或者画弧；如果 radius 值为负数,半径在小海龟右侧,可以理解为顺时针画圆或者画弧。如果 extent(弧度)参数值省略或设置为 None,则绘制整个圆形。如果 steps 后面可以给出具体某个数值,意味着绘制半径为 radius 的圆的内切正多边形。

11. left()/right()

(1) 格式：left(角度)/right(角度)。

(2) 功能：在当前位置状态下向左或向右移动绝对角度。它们比 seth() 函数描述的移动位置更清晰些。

12. color()

(1) 格式：color(颜色 1,颜色 2)。

(2) 功能：对某个图形进行颜色填充。

(3) 参数：第一个参数是画笔颜色,另一个参数是填充颜色。

(4) 说明：可用以前学的 circle(半径,弧度)函数进行圆的填充。其他形状填充可先用画笔把基本形状画出来,系统自动按设置的颜色填充。

13. goto()

(1) 格式：goto(x,y)。

(2) 功能：移动至绝对坐标(x,y)处。

14. begin_fill(外部线条颜色 1,内部填充颜色 2)/end_fill()

(1) 功能：填充图形前,调用 begin_fill()；填充图形结束,调用 end_fill()。

(2) 参数：如果 begin_fill()中只有一个颜色值参数,表示外部线条及内部均采用同一种颜色；如果想让某一图形的内部填充颜色与外部线条颜色不一样,可以设置两个不同的参数。例如,begin_fill("blue","red")表示外部线条为蓝色,内部填充颜色为红色。

(3) 说明：两条语句必须配合使用。在两条语句之间编写相应代码,如画圆或画正方形等,这样通过 begin_fill()和 end_fill()函数就可以对其中某个图形填充颜色。

15. write()

(1) 格式:write("显示的文字信息",move=(可选),align=对齐方式(可选),font=字体信息(三个参数,可任意选择))。

(2) 参数:move 的值可以为 True/False 表示文字是否可以移动,系统默认为 False;对齐方式可以是字符串 left/center/right 三者之一(需要加界限符);字体信息有三个可选项:字体(需要加界限符)、字号、字形(正常 normal、倾斜 italic、加粗 bold,需要加界限符)。

(3) 说明:在图中输入文字信息,例如:

turtle.write("这是一朵花",True,align = 'center',font = ("隶书",20,"normal"))

2.5.3 实例详解

【例 2-1】 利用前面所学函数,画出如图 2-5 所示的图形。该图形各个部分的颜色、画笔大小及运动方向请自行设置。或者也可发挥自我想象力,绘制你的第一个图形。

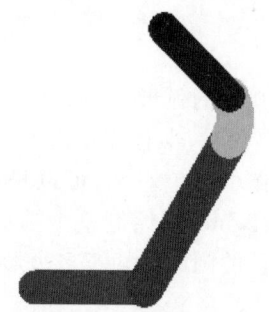

图 2-5 图形示例绘制效果

```
from turtle import *          # 从turtle库中导入所有函数
penup()                       # 起笔,但不绘制图形
pendown()                     # 落笔,准备绘制图形
pencolor("red")               # 设置画笔颜色为红色
pensize(24)                   # 设置画笔宽度为24px
fd(78)                        # 向前移动78px
seth(60)                      # 设置画笔角度为绝对60°
pencolor("green")             # 设置画笔颜色为绿色
pensize(27)                   # 设置画笔宽度为27px
fd(120)                       # 向前移动120px
pencolr("gold")               # 设置画笔颜色为金色
circle(30,60)                 # 绘制半径是30px,弧度60°的弧
seth(-45)                     # 设置画笔角度为绝对-45°
pencolor("purple")            # 设置画笔颜色为紫色
pensize(23)                   # 设置画笔宽度为23px
fd(-67)                       # 向相反方向移动67px
```

【例 2-2】 绘制三种不同画笔颜色和画笔宽度的同心圆,如图 2-6 所示。三个圆的半径分别为 50px、100px、150px;三个圆的颜色由内及外分别是蓝色、红色、绿色;三个圆画笔大小分别为 4px、6px、8px。

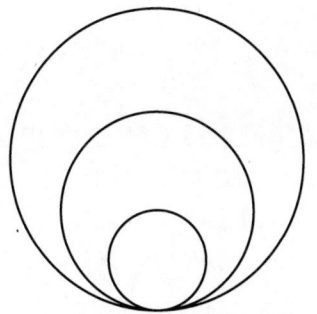

图 2-6 不同颜色同心圆绘制效果

```
from turtle import *        #同心圆代码
pencolor("blue")
pensize(4)
circle(50)
pencolor("red")
pensize(6)
circle(100)
pencolor("green")
pensize(8)
circle(150)
```

【例 2-3】 绘制正方形,要求四条边的颜色不同,其中,四条边的颜色及画笔大小请自行设置,其效果如图 2-7 所示。

图 2-7 正方形绘制效果

```
from turtle import *        #有角正方形代码
pencolor("red")
pensize(12)
fd(200)
seth(90)
pencolor("yellow")
fd(200)
seth(180)
pencolor("blue")
fd(200)
seth(270)
pencolor("purple")
fd(200)
```

【例 2-4】 绘制一个无角的等边三角形,如图 2-8 所示。

问题分析:无谓"无角"就是在使用画笔时先使用 penup()抬笔函数,然后再使用 fd()函数向前移动一定距离,即在空中画笔位置发生了移动,但并没有在画布上留下任何痕迹。然后再使用 pendown()和 fd()函数在画布上绘制真正的直线。

图 2-8 无角等边三角形绘制效果

```
from turtle import *       #无角等边三角形代码
penup( )
fd(50)
pendown( )
pensize(5)
pencolor((0.3,0.8,0.2))
fd(100)
penup( )
fd(50)
seth(120)
penup( )
fd(50)
pendown( )
pencolor((0.45,0.31,0.89))
fd(100)
penup( )
fd(50)
seth(240)
penup( )
fd(50)
pendown( )
pencolor((0.58,0.66,0.18))
fd(100)
penup( )
fd(50)
```

【例 2-5】 绘制如图 2-9 所示叠加等边三角形。

图 2-9 叠加等边三角形绘制效果

```
from turtle import *          ♯叠加等边三角形代码
pensize(12)
pencolor("green")
fd(300)
seth(120)
fd(300)
seth(240)
pencolor("red")
fd(300)
seth(300)
fd(300)
seth(60)
pencolor("purple")
fd(300)
seth(300)
fd(300)
seth(180)
pencolor("blue")
fd(600)
seth(60)
fd(300)
```

【例 2-6】 绘制如图 2-10 所示六角形。

图 2-10 六角形绘制效果

```
from turtle import *          ♯绘制六角形代码
seth(30)
pencolor("red")
pensize(10)
fd(200)
seth(270)
pencolor("green")
fd(100)
seth(150)
pencolor("blue")
fd(200)
seth(270)
pencolor("purple")
fd(100)
```

```
seth(210)
pencolor("yellow")
fd(100)
seth(330)
pencolor("red")
fd(300)
seth(90)
pencolor("black")
fd(200)
seth(330)
pencolor("purple")
fd(100)
seth(210)
pencolor("blue")
fd(300)
seth(90)
pencolor("green")
fd(200)
```

【例 2-7】 实现如图 2-11 所示圆的色彩及形状填充。该图由三部分组成,最外层是一个圆,线条颜色为红色,填充颜色为黄色;圆内有一个右半圆,该图形线条颜色为黑色,填充颜色为绿色;圆内还有一个半径为 60px,弧度为 270°,线条颜色为黑色,填充颜色为褐色的弧形。

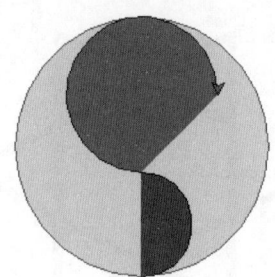

图 2-11 圆的色彩填充绘制效果

```
from turtle import *              #圆的色彩填充
begin_fill()
color("red","yellow")
circle(100)
end_fill()
begin_fill( )
color("black","green")
circle(40,180)
end_fill()
begin_fill( )
color((0.23,0.15,0.23),(0.78,0.49,0.28))
circle(-60,270)
end_fill()
```

【例 2-8】 实现如图 2-12 所示的内切正多边形的绘制。

图 2-12 内切正多边形的绘制效果

问题分析：绘制上述图形，可以使用 fd() 与 seth() 函数相结合的方式，通过精确计算每一次海龟移动的方向确定画笔的位置，但相对麻烦。可以使用 circle(半径,steps＝N)函数绘制相对而言简单得多。

```
from turtle import *          ♯内切正多边形的绘制
pensize(5)
penup()
goto(-200,-50)
begin_fill()
color("red")
circle(100,steps = 3)
end_fill()
penup()
goto(0,-50)
begin_fill()
color("blue")
circle(100,steps = 4)
end_fill()
penup()
goto(250,-50)
begin_fill()
color("green")
circle(100,steps = 5)
```

第 3 章　常见数据类型

　　Python 语言的数据类型非常丰富,有数字类型、字符串类型、布尔类型、列表、元组、集合、字典等多种类型的数据。由于每一种数据类型表示范围和性质不相同,系统为每种数据类型分配的存储空间也不相同。本章介绍 Python 语言三种常见的数据类型,分别是数字类型、字符串类型、布尔类型。其中,数字类型和布尔类型被称为基本数据类型数据,而字符串类型属于组合数据类型中的序列类型。

3.1　数字类型

　　数字是人类计数活动的抽象表示,是数学运算和逻辑推理的基础。计算机对数字的识别和处理有两个基本要求:确定性和高效性。确定性是指读入的数据正确且无歧义,高效性是指较高的运算速度兼具较少的存储空间。

　　用于表示数字或数值的数据类型叫作数字类型,Python 语言提供三种数字类型:整数、浮点数和复数,分别对应数学中的整数、实数和复数。

3.1.1　整数类型

　　整数类型共有四种进制表示方式:十进制、二进制、八进制和十六进制。默认情况下采用十进制表示,各个进制间为了相互区别,分别加了不同的引导符,如表 3-1 所示。

表 3-1　整数类型四种进制说明

进制类型	引导符号	详细说明	示　　例
十进制	无	系统默认进制	123 或 -426
二进制	0B 或 0b	由字符 0 和 1 组成	0b1011
八进制	0o 或 0O	由字符 0~7 组成	0o715
十六进制	0X 或 0x	由字符 0~9,a~f,或 A~F 组成	0xAB5

　　二进制与十进制之间的相互转换我们比较熟悉,例如:$(1011)_2 = (2^3 + 2^1 + 2^0) = (11)_{10}$。

　　如何将八进制和十六进制转换为二进制和十进制呢?首先,将八进制数的每一位写成对应的三位二进制数,如果是十六进制数,就将这个数的每一位写成四位的二进制数,再将这个二进制数转换为对应的十进制数。

　　例如:$(715)_8 = (111001101)_2 = (2^8 + 2^7 + 2^6 + 2^3 + 2^2 + 2^0) = (256 + 128 + 64 + 8 + 4 + 1) = (461)_{10}$。

也可以将$(715)_8$按位展开，例如：$(715)_8=(7×8^2+1×8^1+5×8^0)=(448+8+5)=(461)_{10}$。

十六进制转换成二进制或十进制方法同上。

读者可尝试用上述方法计算如下数据。

0o743＝(　　　　)$_2$＝(　　　　)$_{10}$

0x1Af＝＝(　　　　)$_2$＝(　　　　)$_{10}$

3.1.2 浮点数类型

浮点数类型与数学中的实数概念相似，表示带有小数的数值。Python 语言要求如果指定某个数据为浮点数，则该数必须有小数部分，小数部分可以是 0。这种设计理念主要是为了区分浮点数和整数。浮点数有两种表示方法：十进制表示和科学记数法两种。

科学记数法使用字母 e 或 E 作为幂的符号，基数是 10，具体表示方法如下。

$897=8.97e+2=8.97e2=8.97×10^2$　　　　$-0.789=-7.89e-1=-7.89×10^{-1}$

需要说明的是：0 与 0.0 值相同，但二者数据类型不同，一个是整数，一个是浮点数。它们在计算机内部的表示方法也不相同，主要是因为这两类数据在计算机中由不同的硬件单元执行，因此处理方法不相同。

3.1.3 复数类型

复数类型类似数学中的复数，常用于科学计算。复数可用 a＋bj 形式表示，其中，a 是实部，表示实数部分；b 为虚部，表示虚数部分，后面接 j 或 J 表示，如 3.2＋5j。需要注意的是，如果虚部的值为 1，这个 1 不能省略，否则就是错误的数据。1＋1j 是正确的复数写法。

```
>>> 10.0 - 2 + 3j        # 实部用整数形式表示
(8 + 3j)
>>> 1 + j                # 虚部前面的"1"不能省略，否则提示错误信息
Traceback (most recent call last):
  File "<pyshell#0>", line 1, in <module>
    1 + j
NameError: name 'j' is not defined
>>> 1 + 1j
(1 + 1j)
```

复数类型中的实部和虚部都是浮点数类型，对于复数 z，可以用 z.real 和 z.imag 分别获得它的实部和虚部。需要注意的是，复数 z 必须放在一对圆括号"()"中，两者是缺一不可的整体。另外，在复数运算过程中，实部能用整数表示，就不用浮点数表示。

```
>>> (1.45e4 + 2.49e5j).real
14500.0
>>> (1.45e4 + 2.49e5j).imag
249000.0
>>> 2 + 3j.imag          # 该实数没有放在圆括号中，虚数部分得出的值不正确
```

```
5.0
>>> (2 + 3j).imag  # 这是正确的虚数部分的结果
3.0
```

3.1.4 数字类型内置运算符

Python 语言提供了多个数字类型内置运算符,它们的操作功能与数学计算方法类似,其运算结果也符合数学意义,每一种运算符的功能如表 3-2 所示。

表 3-2 内置运算符功能描述

运算符名称	示例	功能描述
＋加	6＋5＝11	两数之和
－减	6－5＝1	两数之差
＊乘	6＊5＝30	两数乘积
/除	6/3＝2.0	两数之商(必须是浮点数)
//地板除	6//5＝1	取不大于商的最大整数
％模运算	6％5＝1	取相除后的余数
＊＊幂运算	6＊＊3＝216	6×6×6＝216

两个数计算后,其结果可能会改变原有的数字类型,规则如下。
(1) 整数与浮点数混合运算,输出结果是浮点数。
(2) 整数之间运算,产生结果类型与操作符相关,"/"运算的结果是浮点数。
(3) 整数或浮点数与复数计算,输出结果是复数。
(4) 如果在一个表达式中同时出现多个运算符,运算符的优先级别如表 3-3 所示。

1. "＋、－、＊、/"运算符

这四个运算符与数学领域对应运算符计算方法相似。

```
>>> 100/3
33.333333333333336
>>> 100//3
33
>>> 123 + 4.0
127.0
```

特殊情况:

```
>>> 1.2 + 2.3
3.5
>>> 1.1 + 2.2
3.3000000000000003
```

仔细观察上面的结果,可以看到有时两个浮点数相加,运算结果难以理解。这是因为整数运算与浮点数运算的值有差异。浮点数最多只能输出 17 个数字长度的结果,而且只有前面 15 个数字是确定的、精准的。下面的例子非常形象地说明了浮点数与整数在运算时由于精度不同导致运算结果也不相同。

```
>>> 4.567891238 * 1.234567897
5.639371879422386
>>> 4567891238 * 1234567897
5639371879422386486
```

整数运算能够得到完全准确的运算结果,因此为了提高运算精度,使用整数形式表达浮点数是常见的方法之一。

2. "%"取模运算符

"%"取模运算符在编程中经常被使用,通常用来判断一个数字是奇数还是偶数,或者判断一个数字是否能被另一个数字整除,有时也用于判断周期规律数,如一个星期七天,用 d 代表日期,则 d%7 的取值可以有 0、1、2、3、4、5、6,分别对应星期日、星期一、星期二、……、星期六。

"%"取模运算规则如下。

(1) 除数不能为 0,否则系统提示错误信息。

(2) 结果的符号位与除数的正负号有关,如果除数的符号位是正号,其结果一定为正数,否则一定为负数。

(3) 如果被除数与除数符号位同号,计算结果为两者相除之后的余数。

(4) 如果被除数与除数符号位异号,计算结果为两者相除之后的余数与除数之差的绝对值。

```
>>> 23 % 5
3
>>> -23 % -5
-3
>>> 23 % -5
-2
>>> -23 % 5
2
```

3. ""幂运算符**

```
>>> 2 ** 2 ** 3
256
```

很多人从左至右计算得到的结果是 64,而实际上因为右结合的特点,先计算 $2^3=8$,再计算 $2^8=256$。

思考一下,如何将数学中的算式用 Python 语言表达式表示出来呢?例如:

$$x = \frac{2^4}{5} + 6 \times 8$$

实现方法及运算结果如下。

```
>>> x = 2 ** 4/5 + 6 * 8
>>> x
51.2
```

如果在一个复杂的表达式中同时出现多个数字运算符,应该遵循如表 3-3 所示的运算规则。其中,括号()优先级别最高。如果出现多个(),按照从内向外逐层展开的原则进行计算。如果在一个表达式中出现多个同一级别的运算符,按照从左向右的顺序依次运算。

表 3-3 数字运算符优先级别

级别	运 算 符 名 称
高	() 括号
↓	** 幂
	+、- 正负号
	*、/、//、% 乘、除、整除、模除运算
低	+、- 加、减

```
>>> 3 * 4 ** 2/8 % 5
1.0
>>> 30 - 3 ** 2 + 8//3 ** 2 * 10
21
```

3.1.5 数字类型内置函数

Python 语言提供了一些数字类型内置函数,它们无须导入,用户可以直接使用。

1. abs(x)

功能:取数值 x 的绝对值。如果 x 为正数,函数值为 x,否则函数值为 x 的相反数。

```
>>> abs(-78)
78
```

2. divmod(x,y)

功能:该函数的返回值有两个结果,并以圆括号"()"形式输出,第一个值为 x//y 运算后的结果,第二个值为 x%y 运算后的结果。

```
>>> divmod(14,5)
(2,4)
```

3. pow(x,y,[z])

功能:如果参数 z 省略,该函数是求数值 x 的 y 次幂的值,即 pow(x,y)=x ** y。如果有第三个参数 z,该函数先求 x 的 y 次幂的值,再将结果与 z 进行取模运算,将最终结果作为真正的函数返回值,即 pow(x,y,z)=x ** y%z。可以将参数 y 的值设为 0.5,使用 pow() 函数可以完成开根号运算。

```
>>> pow(2,10)
1024
>>> pow(2,10,5)
4
>>> pow(9,0.5)
3.0
```

4. round(x,n)

功能：四舍五入函数。如果参数 n 的值是大于或等于 1 的正整数，则将 x 四舍五入后保留到小数点后面第 n 位。如果参数 n 的值为 0，保留到 x 的个位；如果 n=-1,-2,-3，则保留 x 到十位、百位、千位，以此类推。

```
>>> round(45.23,2)
45.23
>>> round(45.23,0)
45.0
>>> round(45.23,-1)
50.0
```

有时也会有例外，如下面程序代码所示。

```
>>> round(4.5)
4
>>> round(4.500001)
5
>>> round(5.5)
6
```

在 Python 语言中，针对四舍五入取舍为"5"这个数时还要遵循银行家算法进行考虑，即数字"5"的后面非 0 就进"1"，因此 round(4.500001)=5；如果数字"5"的后面为 0，还要看数字"5"前面的数是奇数还是偶数。如果是偶数应该舍去，如 round(4.5)=4；如果是奇数，结果要向前进"1"，如 round(5.5)=6。

还有一些极个别的现象，有一些末位为"5"的数字，看起来在四舍五入操作中不符合这个规律，这是因为在进制转换中有进位或者发生了舍弃，在提高精度后，可能比那个数大一点点或小一点点。

5. min/max( )

功能：在众多同类可比较的数据中取最小值或最大值。

```
>>> max(1,2,6,8)
8
>>> min(1,2,6,8)
1
```

6. bin(x)

功能：将整数 x 转换成等值的二进制数。

```
>>> bin(56)
'0b111000'
```

7. complex(r,i)

功能：创建一个复数 r+i*j，其中，j 可以省略。

```
>>> complex(3,6)
(3+6j)
```

可以利用上述所讲的内置函数解决一些实际问题。

【例 3-1】 要求用户从键盘上输入一个三位整数，编写一个能够输出其百位、十位和个位上的数字的程序。

问题分析：此题关键在于如何把一个三位数的个位、十位、百位成功分离出来，方法有很多，这里介绍两种，也请读者们自行思考还可以采用哪些方法实现上述功能。

方法一：

```
x = input('请输入一个三位数:')
x = eval(x)
a = x//100
b = x//10%10
c = x%10
print(a,b,c)
```

方法二：

```
x = input('请输入一个三位数:')
x = eval(x)
a,b = divmod(x,100)
b,c = divmod(b,10)
print(a,b,c)
```

3.2　math 函数库的使用

显然，上述提到的内置函数或者运算符运算功能有限，远不能满足像三角函数、对数函数等复杂多元的计算需求，但是用户可以调用标准函数库 math 解决上述问题。由于复数类型常用于更复杂的科学计算，因此 math 函数库功能不支持复数运算，仅支持整数和浮点数运算。

math 库的调用方法与 turtle 库一样，需要使用保留字 import 引用该库及库中的函数。

3.2.1　math 函数库的数学常数功能

math 库中有 4 个数学常数，其功能如表 3-4 所示。

表 3-4　math 函数库中的数学常数

常数名称	表示符号	功能描述	数据取值或范围
math.pi	π	圆周率	3.141 592 6
math.e	e	自然常数	2.718 281 8
math.±inf	∞ 或 −∞	正、负无穷大	
math.nan		非浮点数标记	

3.2.2　math 函数库中常用函数功能

math 函数库中的函数共有 44 个，分为 4 大类，包括 16 个数值表示函数、8 个幂对数函数、16 个三角函数和 4 个高等特殊函数。由于库中函数数量较多，本章只介绍常用的 9 个函数的功能，如表 3-5 所示。

表 3-5　math 函数库中常用函数功能列表

函数名称	数 学 表 示	操 作 实 例
fabs(x)	$|x|$	>>> fabs(−36) 36.0

fmod(x,y)	与 x%y 功能相似，但并不完全相同。数值位只取两者相除后的余数，符号位与被除数一致	>>> fmod(25,6)
		1.0
		>>> fmod(−25,6)
		−1.0
		>>> fmod(25,−6)
		1.0
		>>> fmod(−25,−6)
		1.0

fsum([x,y,z,…])	$x+y+z+\cdots$	>>> 0.1+0.2+0.3
		0.600000000000001
		>>> fsum([0.1,0.2,0.3])
		0.6

ceil(x)	向上取整 返回不小于 x 的最小整数	>>> ceil(56.7) 57
floor(x)	向下取整 返回不大于 x 的最大整数	>>> floor(56.7) 56
pow(x,y)	x^y	>>> pow(2,5) 32.0
sqrt(x)	$\sqrt{x}$	>>> sqrt(144) 12.0
exp(x)	返回 e 的次幂	>>> exp(2) 7.38905609893065
log(x,y)	返回以 y 为底，以 x 为真数的对数	>>> log(100,10) 2.0

说明：

(1) 虽然 math 函数库的 pow() 函数与内置函数 pow() 两者都可以进行次幂运算，但功能略有差别。主要取决于内置函数 pow() 中是否有第三个参数 z,如果有,pow() 运算后的结果为 pow(x,y,z)=x**y％z,这时两个函数的返回值大相径庭,请读者仔细分辨。

(2) math 函数库中 fabs() 函数与内置函数 abs() 都可以取绝对值,但是 fabs() 函数只针对整数和浮点数,abs() 函数还可以针对复数计算。

3.2.3 math 函数库应用举例

【例3-2】 天天向上的力量。

小明英语成绩欠佳,在新年第一天,他发誓一定要好好学习、天天向上。假设:一年365天,以第一天的能力值作为基数,记为 1.0。当他好好学习时,能力值相比前一天提高 0.1％,不学习时能力值相比前一天下降 0.1％。如果小明每天都在努力学习,一年后他的能力值将达到多少?再假设小明每天都违背初衷,不思进取,每天放任自流,一年下来他的能力值将达到多少?两差相差多少?

问题分析:本题是指数计算经典题目。为了方便计算,可以调用标准库函数 math,调用方法及实现过程代码如下。

```
>>> import math
>>> X = math.pow((1 + 0.001),365)
>>> Y = math.pow((1 - 0.001),365)
>>> Print(x)
1.44
>>> Print(y)
0.69
>>> x - y
0.75
```

通过上述数据对比分析,似乎天天努力上进与天天放任自流的能力值相差不是很多,并没有带给大家特别震撼的效果。接下来,把每天进步或退步的能力值比例提高到 1％,重新观察两者间的差距。

将上题中的 0.1％ 即 0.001 换成 0.01,重新套用公式得到的数据为 x=37.78,y=0.03,x/y=3700,即两者相差 37 倍,这个数值非常惊人。由此可见水滴石穿、以小见大的道理。

【例3-3】 已知 a=2,b=3,c=8,求解一元二次方程 $ax^2+bx+c=0$ 的实根。

问题分析:一元二次方程求根公式为 $x=\dfrac{-b\pm\sqrt{b^2-4ac}}{2a}$,接下来要处理的主要问题是如何将求根公式的表达式正确表达出来。需要注意的是,除式中分子与分母属于不同部分,可以使用"()"将两者明确区分,否则将导致分子、分母错位,输出结果错误。

由于涉及开根号,可以调用 math 函数库中的 sqrt() 函数解决问题。当然,如果不调用任何外部函数,使用 pow(x,0.5) 函数也可以解决开根号问题。

```
>>> from math import *
>>> a = 2
>>> b = 8
>>> c = 3
```

```
>>> x2=(-b+sqrt(b**2-4*a*c))/(2*a)
>>> x1=(-b-sqrt(b**2-4*a*c))/(2*a)
>>> print(x1,x2)
-3.58113883008419 -0.41886116991581024
```

计算圆的面积、体积时通常需要用到常数 π,常规算法需要事先定义 π 值小数点后面保留的位数,这就可能导致运算结果精度下降。如果调用 math 函数库的 π 值,运算结果的精度将会得到显著提升,读者不妨尝试一下。

3.3 字符串类型数据

字符串是 Python 语言最重要、最常见的数据类型之一,在实际应用中大量存在并被人们频繁使用。它由 0 个或多个字符组成,是字符的有效序列表示形式。

3.3.1 字符串界限符说明

字符串从外观看,通常由一对单引号(')、双引号(")或三引号(''')构成。其中,单引号与双引号的作用都是用来表示一行字符,两者没有区别。如果想表示多行字符,则必须用三引号引用数据。三者的区别如下。

单引号表示字符形式:'白日依山尽'

双引号表示字符形式:"千山鸟飞绝"

三引号表示字符形式:'''飞流直下三千尺
     疑是银河落九天'''

使用单引号时,双引号、三引号可以作为字符串的一部分;使用双引号时,单引号、三引号也可以作为字符串的一部分。

```
>>> print('这是一首"李白"的诗')
这是一首"李白"的诗
>>> print("该诗'豪放自由',被后人千古称颂!")
该诗'豪放自由',被后人千古称颂!
```

使用三引号的方法及运行结果如下。

```
>>> b='''a=1''
>>> print(b)        #使用 print()函数输出字符串时,外围界限符不显示
a=1
>>> b               #显示字符串类型的变量值,显示字符串界限符
'''a=1''
```

3.3.2 字符串的表示、索引和切片

字符串是字符的序列,用户可以按照单个字符或字符片段进行索引。索引有两种方式,分别是正向递增序号表示法与反向递减序号表示法,具体使用规则如图 3-1 所示。

如果字符串的长度为 N,正向递增表示方法以最左侧字符序号为 0,向右依次递增,最

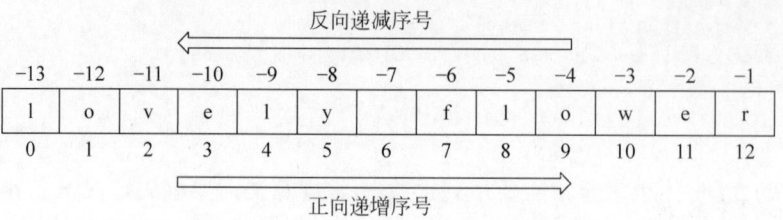

图 3-1 Python 字符串的两种序号体系

右侧字符的序号为 N−1；反向递减序号以最右侧字符序号为−1,向左依次递减,最左侧字符序号为−N。这两种方法可以交叉使用。

1. 单个字符索引

```
>>>"新春快乐,万事如意!"[1]
'春'
>>>"新春快乐,万事如意!"[-1]
'!'
>>>"新春快乐,万事如意!"[3]
'乐'
>>>"新春快乐,万事如意!"[-3]
'如'
```

2. 切片索引

如果想对字符串某一段字符索引,可采用[M:N]格式,表示字符串从 M 到 N(不包含 N)的子字符串,其中,M、N 为字符串的索引序号,正向递增与反向递减方式可混合使用。

```
>>>"新春快乐,万事如意!"[2:4]
'快乐'
>>>"新春快乐,万事如意!"[5:2]
''                              #顺序必须是从左到右,否则返回空串
>>>"新春快乐,万事如意!"[0:-1]
'新春快乐,万事如意'
>>>"新春快乐,万事如意!"[3:]     #与[3:9]结果不同
'乐,万事如意!'
>>>"新春快乐,万事如意!"[:-3]
'新春快乐,万事'
```

":"前面内容为空,表示从最左边位置索引;":"后面内容为空,表示一直索引到最后一个字符。[M:N:K]表示返回从 M 位置开始按照步长 K 的值索引直到 N 的位置(不包含 N)结束所有的字符。K 的值可以是正整数,也可以是负整数,表示步长为正或者为负,即正向或反向索引。

```
>>> a = '好好学习,天天向上!'
>>> a[:4]
'好好学习'
>>> a[4:]
',天天向上!'
```

```
>>> a[::]
'好好学习,天天向上!'
>>> a[::-2]
'!向天习好'
```

3.3.3 字符串操作符

Python语言提供了五个字符串操作符,它们的功能如表3-6所示。

表3-6 字符串操作符功能

操作符	功能描述
x+y	连接x与y字符串
x*n或n*x	把字符串x复制n次
x in s	字符串x是s子串,返回True;否则返回False
str[i]	索引,返回第i个字符
str[n:m]	切片,左闭右开

```
>>>'Python语言'+'程序设计'
'Python语言程序设计'
>>>'good!'*3
'good! good! good!'
>>> a = 'Python语言'+'程序设计'
>>> 'Python语言' in a
True
>>> 'M' in a
False
```

【例3-4】 要求用户从键盘上输入1~4的数字,输出对应的各季度字符串的名称。例如:输入3,返回"第三季度"。

问题分析:根据题意首先需要给出完整的字符串,其次根据字符串的特点寻找内在规律,再根据用户给定的数值确定索引的起始位置与结束位置,并返回最终字符串。

```
x = '第一季度第二季度第三季度第四季度'
y = eval(input("请输入季度数字(1---4):"))
m = (y-1)*4              #输入的数字在x字符串的索引信息
print(x[m:m+4])          #输出返回字符串的切片信息
```

3.3.4 字符串内置函数

下面介绍九个Python语言中与字符串操作相关的内置函数。

1. type()函数

功能:它是Python语言内置函数之一,但不是字符串处理函数,该函数的功能是返回参数的数据类型。int表示整数类型数据;float表示浮点数类型数据;str表示字符型数据;complex表示复数类型数据。

```
>>> type(3)
<class 'int'>
>>> type(3.2)
<class 'float'>
>>> type('123')
<class 'str'>
>>> type(2 + 3j)
<class 'complex'>
```

2. len(x)函数

功能：求字符串 x 的长度。

```
>>> len('你好')
2
```

3. str(x)函数

功能：将任意类型 x 转换成字符型数据。

```
>>> str(1010 + 101)
'1111'
```

4. int(x)函数

功能：将任意类型 x 转换成整数类型数据。

```
>>> int(10.01)
10
>>> int("10")
10
```

5. float(x)函数

功能：将任意类型 x 转换成浮点数类型数据。

```
>>> float(10)
10.0
>>> float('123.456')
123.456
```

6. chr(x)函数

功能：返回 Unicode 编码 x 对应的单字符。

```
>>> chr(1010)
'ϲ'
```

7. ord(x)函数

功能：返回单字符 x 对应的 Unicode 编码。

```
>>> ord('和')
21644
```

8. hex(x)函数

功能：返回整数 x 对应的十六进制数的小写形式字符串。

```
>>> hex(205)
'0xcd'
```

9. oct(x)函数

功能：返回整数 x 对应的八进制数的小写形式字符串。

```
>>> oct(-45)
'-0o55'
```

3.3.5　Unicode 编码

计算机中的每个字符都可以用唯一确定的数字表示，这种表示方式称为编码。计算机自从诞生以来，广泛应用的编码形式是 ASCII 码。它用一个字节表示计算机键盘上的常见字符以及一些被称为控制符号的特殊值，最多能表示 256 种不同的字符。其中，大写英文字母 A~Z 用 65~90 表示，小写英文字母 a~z 用 97~122 表示。

由于 ASCII 编码的设计初衷只针对英文字符，如果要表示中文，显然一个字节不够，至少需要两个字节，而且还不能与 ASCII 编码冲突，所以中国制定了 GB 2312 编码，用来把中文编进去。类似日文和韩文等其他语言也有这个问题，为了统一所有文字的编码，Unicode 编码应运而生。

Unicode 编码又称为统一码、万国码、单一码，是计算机科学领域里的一项业界标准，包括字符集、编码方案等。Unicode 编码是为了解决传统字符编码方案局限性而产生的，它为每种语言中的每个字符设定了统一并且唯一的二进制编码，以满足跨语言、跨平台进行文本转换、处理的要求。Unicode 编码于 1990 年开始研发，1994 年正式公布。

随着计算机工作能力的增强，Unicode 编码自从面世以来在各个国家广泛应用。世界上大多数程序用的字符集都是 Unicode 编码，因为 Unicode 编码有利于程序国际化和标准化。Python 字符串中每个字符都使用 Unicode 编码表示。如果读者需要查询相关字符对应的 Unicode 编码，可以通过访问网站 http://tool.oschina.net/encode 查询，或者访问网站 http://bianma.supfree.net/ Unicode 获取相关信息。

为了节省存储空间，在字符传输和存储中常使用 UTF-8、UTF-16、UTF-32 等编码形式，这些编码方式是一种可变长的编码，是 Unicode 根据一套规则转换而来的。UTF-32 编码是指存储一个字符用 4 字节，以此类推，UTF-16 编码是指存储一个字符用 2 字节，而 UTF-8 编码是指存储一个字符用 1 字节。上述编码存储过程中，如果该字符位数不够，左边用数字"0"进行填充点位。

3.3.6　字符串函数处理方法

在 Python 语言中所有的数据类型都采用面向对象方式实现，被封闭为各个类，字符串也是一个类,它具有类似<a>.<b>()形式的字符串处理函数,这类函数在面向对象中被称为"方法"。<a>表示待处理的字符串,<b>表示字符串处理方法。

字符串类型共包含 43 个内置方法,接下来重点介绍几个常用的方法及其相关功能。

1. str.lower()方法

功能:将字符串内容全部转换为小写字母。

```
>>>'Python'.lower()
'Python'
```

2. str.upper()方法

功能:将字符串内容全部转换为大写字母。

```
>>>'Python'.upper()
'PYTHON'
```

3. str.split()方法

功能:将字符串按空格划分为列表,如果参数里面有字符,则将参数中指定的字符去掉后再按空格划分为列表。

```
>>>'Python is an excellent language.'.split()
['Python','is','an','excellent','language.']
>>>'Python is an excellent language.'.split('an')
['Python is ',' excellent l ',' guage.']
```

4. str.count(sub)方法

功能:返回子串出现的次数。

```
>>>'Python is an excellent language.'.count('an')
2
>>>'Python is an excellent language.'.count('a')
3
```

5. str.replace(old,new)方法

功能:用指定的新字符替代原有的旧字符。

```
>>>'I love apple'.replace('e','#')
'I lov # appl #'
```

6. str.center(width,占位符)方法

功能:将字符串居中,不足位用占位符占位。

```
>>>'Python'.center(10,'=')
'==Python=='
>>>'Python'.center(1,'=')
'Python'
```

7. str.strip(chars)方法

功能：将字符串的左侧及右侧去掉 chars 中列出的字符。

```
>>>' == Python ==    '.strip('')
' == Python == '
>>>' = Python = '.strip(' = ')
'Python'
```

8. str.join(iter)方法

功能：将 iter 变量的每一个元素后增加一个 str 字符串。

```
>>>'.'.join('12345')
'1.2.3.4.5'
>>>' '.join('Python')
'p y t h o n'
```

3.3.7 字符串中常见的转义字符

字符串本身含有三种界限符，如果遇到一个很复杂的字符串既包含双引号又包含单引号，为了区别外围的界限符，系统本身引入了一个新的符号——转义符"\"。通过转义符告诉系统不要对它们进行匹配。转义符不但可以转义单引号、双引号，也可以转义其他符号。表 3-7 列出了常用转义字符及其含义。

表 3-7 常用转义字符及其含义

转义字符	含 义
\n	换行符，光标移到下行行首
\\	字符本身
\	用在行尾时相当于续行符
\'	相当于单引号
\"	相当于双引号
\a	响铃，蜂鸣
\b	退格键（Back Space），IDLE 下不支持该符号，需要保存为.py 文件，然后在命令下执行
\v	纵向（垂直）制表符
\t	横向（水平）制表符
\r	回车，IDLE 下不支持该符号，需要保存为.py 文件，然后在命令下执行
\f	换页
\0	NULL，什么都不做

3.4 字符串类型的格式化

字符串是程序向控制台、网络、文件等介质输出运算结果的重要形式之一，当用户输出一个字符串时，有时希望输出的框架不变，人称或部分内容略有变化。为了满足上述需求，也为了提高输出结果的灵活性和效率，很多高级语言都采用了字符串格式化输出方式。Python 语言也不例外，它采用 format()方法赋予字符格式化输出形式。

3.4.1 format()方法的基本使用方法

格式：

<模板字符串>.format(<逗号分隔的参数>)

说明：模板字符串是一个由字符串和槽组成的字符串，用来控制字符串和变量的显示效果。槽用{}表示，对应format()方法中逗号分隔的参数。槽的数量与format()方法中出现的变量个数必须一致，否则系统出错。

```
>>> "{ }曾说:书籍是人类进步的阶梯.".format('高尔基')
'高尔基曾说:书籍是人类进步的阶梯.'
```

如果模板字符串有多个槽，且槽内没有指定的序号，则按槽出现的先后顺序分别对应format()方法中的不同参数。

```
>>> "{ }曾说:书籍是人类{ }的阶梯.".format('高尔基',"进步")
'高尔基曾说:书籍是人类进步的阶梯.'
```

format()方法中，参数根据出现的先后顺序存在一个默认的序号，如图3-2所示。

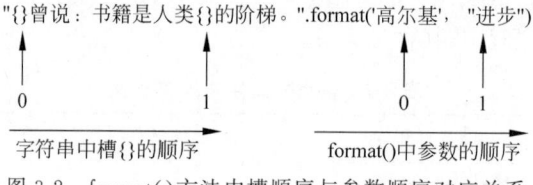

图3-2 format()方法中槽顺序与参数顺序对应关系

如果用户希望引用槽的先后顺序发生改变，也可以自行设置序号。

```
>>> "{1}曾说:书籍是人类{0}的阶梯.".format("进步",'高尔基')
'高尔基曾说:书籍是人类进步的阶梯.'
```

如果槽的数量与format()方法中出现的变量数量不一致，程序不能通过简单的顺序找出确定的对应变量，系统就会给出错误信息提示。

```
>>> "这是{ }的名言.{ }曾说:书籍是人类进步的阶梯!".format('高尔基')
Traceback (most recent call last):
  File "<pyshell #0>", line 1, in <module>
    "这是{ }的名言.{ }曾说:书籍是人类进步的阶梯!".format('高尔基')
IndexError: tuple index out of range
```

如果想得到正确的结果，必须在槽中使用序号指定参数使用。

```
>>> "这是{0}的名言.{0}曾说:书籍是人类进步的阶梯!".format('高尔基')
'这是高尔基的名言.高尔基曾说:书籍是人类进步的阶梯!'
```

如果希望在模板字符串中也能输出大括号"{}"，可以在要输出的信息两侧套上两个大括号,具体方法表示如下。

```
>>> "{ }曾说:{{书籍是人类{}的阶梯.}}".format('高尔基',"进步")
'高尔基曾说:{书籍是人类进步的阶梯.}'
```

3.4.2 format()方法的格式控制

format()方法中的槽除了可以包含参数序号,还可以包含格式控制信息。其内部样式如下。

{<参数序号>: <格式控制标记>}

其中,格式控制标记用来控制参数显示时的格式,语法说明如表 3-8 所示。

表 3-8 槽的格式控制标记说明

:	<填充>	<对齐>	<宽度>	<,>	<.精度>	<类型>
引导符号	用于填充的单个字符	<左对齐 >右对齐 ^居中对齐	设定输出字符的宽度	数字的千分位分隔符,适用于整数及浮点数	设置浮点数小数位的精度或字符串的最大长度	整数类型:b,c,d,o,x,X 浮点数类型:e,E,f,%

上述控制标记的 6 个字段可分为两组,用户根据需要可以有选择地使用,也可以组合在一起使用。

第一组:<填充><对齐><宽度>这 3 个字段密切相关,主要用于对显示信息格式的规范。

<宽度>字段指当前槽设定输出字符的宽度,如果实际值比设定值大,按实际长度输出。如果该值小于指定宽度,则按照指定的对齐方式在宽度内对齐,不足位以空格填充。

<对齐>字段采用上述三个符号分别表示左、右、居中对齐。

<填充>字段可以修改默认填充字符,填充字符只能有一个。

示例 1:

```
>>> a = '美好的一天'
>>> b = '*'
>>> '{:10}'.format(a)
'美好的一天     '          ＃系统默认左对齐,不足位用空格占位
>>> '{:&^10}'.format(a)
'&& 美好的一天 &&&'        ＃居中对齐,不足位用&符号占位
>>> '{:1}'.format(a)
'美好的一天'               ＃指定宽度为1,实际宽度为6,则以实际宽度为准
```

示例 2:

```
>>> a = '美好的一天'
>>> b = '*'
>>> '{0:{1}^10}'.format(a,b)
'** 美好的一天 ***'         ＃指定不足位用以填充字符的变量b
```

```
>>> '{0:{1}^{2}}'.format(a,b,15)
'*****美好的一天*****'                    #指定不足位用以填充字符的变量b和宽度
>>> "{:^1}".format(a)                     #设定的宽度为1,按字符真正长度显示
'美好的一天'
```

第二组：<,><.精度><类型> 3 个字段主要用于对数值本身的规范。<宽度>字段用于显示数字类型的千分位分隔符。

```
>>> '{:-^25,}'.format(78965432)
'-------78,965,432--------'               #带千分位分隔符的输出
>>> '{:-^25}'.format(78965432)
'--------78965432---------'               #不带千分位分隔符的对比输出
```

<.精度>字段由小数点"."开头。对于浮点数,精度表示小数部分输出的有效位数,对于字符串而言,精度表示输出的最大长度。与<宽度>字段不同,设置<.精度>后,如果实际长度大于精度设定的长度,输出将被截断。

```
>>> '{:.3f}'.format(1786.52345)
'1786.523'
>>> '{:^20.3f}'.format(1786.52345)
'      1786.523      '
>>> '{:.3}'.format('祝小明生日快乐!')
'祝小明'
```

<类型>字段表示输出整数和浮点数类型格式。其中,整数类型的输出格式有 6 种,浮点数类型的输出格式有 4 种,具体说明如表 3-9 所示。

表 3-9　format()格式中<类型>字段说明

整数类型字符	输出说明	浮点数类型字符	输出说明
b	二进制形式	e	小写字母 e 的指数形式
c	Unicode 编码字符	E	大写字母 E 的指数形式
d	十进制形式	f	标准浮点形式
o	八进制形式	%	百分比形式
x	小写十六进制形式		
X	大写十六进制形式		

3.5　布尔数据类型

同一种数据可以比较大小,有些不同种类的数据也可以比较大小,结果可用真(True)或假(False)描述。值为 True 和 False 的数据称为布尔数据类型。用户可以通过关系比较运算、逻辑运算、成员运算、同一性运算、位操作运算等操作方法得到相关布尔数据的值。

3.5.1　比较运算符

表 3-10 列出了用于数据比较的关系运算符及其相关功能。

表 3-10　关系运算符相关说明

运算符操作举例	返回值	说　　明
3>=5(大于或等于)	False	同种类型数据可以比较大小
3<=5(小于或等于)	True	
3==3(等于)	True	=表示赋值,==表示相等
'123'>=123	TypeError	类型不一致不能比较大小
'A'<'a'	True	字母比较按英文先后顺序 a<b<…z 同一字母大写字符的值小于小写字母的值 A<a
'A'>'26'	True	0<1<2<…<9,字母大于数字
1!=3(不等于)	True	
3<5<10	True	与数学方法相一致
3<5>4	True	
'hell'>'word'	False	字母或汉字均属于字符型数据,按照 Unicode 编码中的数值大小比较。通常先比较第一个字母的大小,如果相同,再比较下一个字母大小,以此类推
'张三'>'李四'	False	
'张三'>'hello'	True	

上述关系运算符中,"=="和"!="是同一个级别的运算符,它们的优先级别最高;">"">=""<""<="也是同一级别运算符,它们的级别较低。如果在一个表达式中同时出现多个运算符,则按优先级别的高、低顺序计算,同一级别的运算符运算时遵循从左到右依次运算的原则。

3.5.2　逻辑运算符

逻辑运算符有三个,分别是 and(与运算)、or(或运算)、not(非运算)。它们三者中,not 的优先级别最高,and 次之,or 最低。

逻辑与运算(and)是指运算符两侧数据同时为真,其值为真,其余情况均为假。

逻辑或运算(or)是指运算符两侧数据同时为假,其值为假,其余情况均为真。

逻辑非运算(not)是指将真(True)取反值为假,假(False)取反值为真。

```
>>> 3 > 4 and 4 < 7
False
>>> 3 < 4 or 4 > 7
True
>>> x = 3.14
>>> not x < 5.0
False
>>> not false
True
```

以下情况称为逻辑短路。具体原因如下。

1. a　and　b

如果 a 的值为真,继续计算 b 的值,b 的结果决定最终表达式的值。如果 a 的值为假,无须计算 b 的值,最终结果为假。

2. a　or　b

如果 a 的值为真,无须计算 b 的值,结果为真。如果 a 为假,继续计算 b 的值,b 的结果决定最终表达式的值。

需要说明的是,无论是 a 还是 b,只要是非空、非零、非 None 的数,一律认为是真值。

```
>>> x = 3
>>> x > 2 and print(x)
3
>>> x > 2 or print(x)
True
>>> False and 12
False
>>> False or 12 or 0
12
```

3.5.3 成员运算符

成员运算符"in"用于测试一个对象是否存在于另一个对象中。成员运算符有两个,一个是"in"表示存在,另一个是"not in"表示不存在,两者优先级别一样。

```
>>>'abc' in 'abcdef'
True
>>>'ac'    in    'abcd'
False
>>>'a'    not   in   'bcd'
True
```

3.5.4 同一性运算符

同一性运算符"is"用于测试两个变量是否指向同一个对象。同一性运算符也有两个,一个是"is"表示被测试的两个对象相同,另一个是"is not"表示被测试的两个对象不相同,两者优先级别一样。

这里用于判断两个对象相同或不同的依据是两个对象的数值不仅值一样,类型也要一样。如果是变量,还要保证两个变量的命名空间(即 id 值)也要一样。Python 语言规定只有在[-5,257]中的整数,它们 id 值才相等,其他范围的数据,它们的 id 值不相同。

测试 id 值大小,可用 Python 语言内置函数 id(x)完成,其结果为数值 x 对应的 id 值。系统规定:id(x)对每一个数据返回唯一的编号。编号是指数据存储在内存中的唯一地址。数据不同,编号也不同,用户可以通过比较两个变量编号是否相同判断数据是否一致。

另外,在学习"is"运算符时,一定要与"=="运算符区别清楚。"=="运算符用来判断两个对象的值(value)是否相同。"is"运算符用来判断两个对象的值以及为每个变量分配的命名空间即 id 值是否相同。

```
>>> x = y = 5
>>> z = 5
>>> x is y
True
```

```
>>> x is z
True
>>> id(x),id(y),id(z)
(1429199088, 1429199088, 1429199088)
```

如果数据的取值范围为不在[-5,257]区间的整数,则会出现如下结果。

```
>>> x = y = 2.5
>>> z = 2.5
>>> x == z
True
>>> x is y
True
>>> x is z            #由于x,y,z不是整数而是浮点数
False
>>> x == z
True
>>> id(x)
64634016
>>> id(y)
64634016
>>> id(z)
61766192
```

3.5.5 位运算符

位运算符只能用于整数运算,内部执行过程为:首先将整数转换为二进制数,然后右对齐,必要时左侧补"0",接下来按位进行运算,最后把结果转换为十进制数返回。表 3-11 列出 Python 语言位运算符功能。

表 3-11 Python 语言位运算符功能

运算符	功能
~	取反
<<	左移
>>	右移
&	与
|	或
^	异或

下面以 8 位二进制数为例详细解释各种位操作运算符实现过程。

1. 取反(按位取反)运算

```
>>> ~1
-2
```

说明:1 的二进制数为 00000001,按位取反得 11111110,代表补码为 -2 的整数。

2. 左移/右移运算

```
>>> 12 << 2
48
>>> 12 >> 2
3
```

说明：12 的二进制数为 00001100，向左移两位变成二进制数 00110000 即十进制数 48。12 向右移两位变成二进制数 00000011 即十进制数 3。

3. 与/或运算

"&"运算规则是：1&1=1；1&0=0；0&1=0；0&0=0。

"|"运算规则是：1|1=1；1|0=1；0|1=1；0|0=0。

```
>>> 45&65
1
>>> 45|65
109
```

说明：45 转换成二进制数为 00101101，65 转换成二进制数为 01000001，二者按位"与"运算结果为二进制数 00000001，即十进制数 1。将 45 与 65 按位"或"运算结果为二进制数 01101101，即十进制数 109。

4. 异或运算

"^"运算规则是：1^1=0；0^0=0；1^0=1；1^1=1。

```
>>> 45^65
108
```

说明：45 转换成二进制数为 00101101，65 转换成二进制数为 01000001，二者按位进行"异或"操作，即每一位上的两个数同为 0 或为 1 时，其值为 0；每一位上的两个数相异时，其值为真。最后结果是二进制数 01101100，对应的十进制数为 108。

3.5.6 常用运算符的优先级别和结合性

在实际运算中，经常出现多种运算符混合在一起的复杂表达式，表 3-12 列出了各种运算符同时出现时的优先级别，以及在运算中需要考虑的结合性问题。

```
>>> a = 3;b = 4;c = 5
>>> a + b > c and     b == c
False
>>> a + 3/b - c % 2 > 2
True
```

表 3-12 运算符优先级别及结合性说明

优先级	运算符							结合性
高 ↓ 低	( )							从左至右
	**							
	*	/	%	//				
	+	−						
	>>	<<						
	&							
	^	|						
	<	<=	>	>=				
	==		!=					
	not							从右至左
	and							
	or							从左至右
	is		is not					
	in		not in					
	=	+=	−=	*=	/=	%=	//=	**=	从右至左

3.5.7 补充说明

Python 语言不支持＋＋和−−运算符,它们有另外的含义,要注意与其他高级语言的区别。

```
>>> i = 8
>>> ++i                              # 正正得正,等价于 +(+i)
8
>>> i++                              # 不支持 ++ 运算,提示语法错误
SyntaxError: invalid syntax
>>> --i                              # 负负得正,等价于 -(-i)
8
>>> i--                              # 不支持 -- 运算,提示语法错误
SyntaxError: invalid syntax
>>> -----(4+5)
-9
>>> 4- +5                            # 等价于 4-(+5)
-1
>>> 4+ -5
-1
```

第 4 章　组合数据类型

通过第 3 章知识点的学习,读者掌握了数字、字符串、布尔等基本数据类型的使用方法。计算机不仅能对单个数据进行处理,还能针对同时出现的多个不同数据类型按照一定的处理方法实现简洁、高效的操作。

按照一定规则表示多个不同类型的数据称为组合数据类型。在 Python 语言中,组合数据类型有很多种,大致分为三大类,即序列、集合和映射。接下来将逐一、细致地介绍每种组合类型的定义、基本操作方法和相关函数的功能。

4.1　序　列

序列是一维元素向量,序列没有长度限制,不需要预定长度。序列中的各元素数据类型任意(当然也可以是序列),元素之间存在先后关系。各元素按一定顺序存放,用户可以通过序号对元素进行访问,第一个元素的序号规定为 0,第二个为 1,以此类推。其中,列表和元组是常见的序列类型数据。市面上很多书籍将字符串归结为序列,从定义上来说,字符串所处理的数据只有一种即字符型数据,而不是同时处理多种类型不同的数据。但是,字符串很多操作方法与序列相同,这些操作层面的相似性另当别论。

针对序列类型,表 4-1 列出序列的基本操作符及功能说明。

表 4-1　序列基本操作符及功能说明

操作符	功 能 描 述
m in x	如果 m 是 x 的元素,结果返回 True;否则返回 False
m not in x	如果 m 不是 x 的元素,结果返回 True;否则返回 False
x+y	连接 x 和 y
x*n 或 n*x	将序列 x 复制 n 次
x[i]	索引,返回序列中第 i 个元素
x[i:j]	切片,返回序列中从第 i 个到第 j 个子元素序列,但不包括 j 元素
x[i:j:k]	以 k 为步长,返回序列中从第 i 个到第 j 个子元素序列,但不包括 j 元素 通常要求 i 小于 j,如果 i 大于或等于 j 时,返回空数据

由于字符串数据的相关操作在前面章节中已经介绍过,本章重点介绍序列中的列表和元组数据的相关操作。

4.1.1　列表定义

列表在 Python 语言中是使用频率非常高的一种数据结构。它是 0 个或若干个元素的有序集合。可以把列表理解为一个容器,这个容器被划分为各种各样的空间,每个空间可以存放各种类型的数据元素,如字符串、数字、字典、元组甚至列表。元素的数据类型或者是长度可能不相同,各元素只有前后的位置关系,而且每个元素都可以被替换。所有的列表元素都放在方括号"[　]"中,相邻元素之间用逗号","分开,列表中允许出现重复元素。

常见列表如下。

```
[1,2,3,4,5,6]
['1','2','qwer','张三']
['blue',123,3.5,[1,2]]        #列表中嵌套了列表类型的数据
```

4.1.2 列表的基本操作

1. 列表的创建

使用赋值运算符"="可以创建一个列表类型的数据。列表中的元素可以重复,系统也允许出现空列表。

1) 创建没有重复值的列表

```
>>> list1 = [1,2,3,'张三',2.8]
>>> list1
[1, 2, 3, '张三', 2.8]
```

2) 创建有重复值的列表

```
>>> list2 = [1,1,2,2]      #列表中虽然有的元素值相同,但位置不同,表示不同的元素
>>> list2
[1, 1, 2, 2]
```

3) 创建空列表

```
>>> list3 = [ ]            #创建一个空列表
>>> list3
[ ]
```

2. 列表的索引

1) 正常索引

```
>>> list1 = [1,2,3,'张三',2.8]
>>> list1[-1]
2.8
```

2) 不能越界索引

```
>>> list1 = [1,2,3,'张三',2.8]
>>> list1[6]
Traceback (most recent call last):           #索引不存在,提示下标越界
    File "<pyshell #6>", line 1, in <module>
        list2[1]
IndexError: list index out of range
```

3. 列表的切片

```
>>> list1 = [1,2,3,'张三',2.8]
>>> list1[0:4]
[1, 2, 3, '张三']
>>> list1[0: :2]
[1, 3, 2.8]
```

4. 其他基本操作

```
>>> list1 = [1,2,3,'张三',2.8]
>>> 2 in    list1
True
>>> '李四' not in list1
True
>>> list1 * 2
[1, 2, 3, '张三', 2.8, 1, 2, 3, '张三', 2.8]
>>> list3 = [56,'34']
>>> print(list1 + list3)
[1, 2, 3, '张三', 2.8, 56, '34']
```

4.1.3 列表操作函数

除了使用运算符对列表进行操作,系统也提供了若干函数用于操作列表。表 4-2 列出部分操作函数的功能及说明。

表 4-2 列表操作函数及说明

函数名	功能描述
len(x)	求列表 x 的长度
max(x)/min(x)	求列表 x 的最大值/最小值,数据间必须是同种类型,可以相互比较
sum(x)	只能对数字型列表中的元素求和运算;对非数字型列表不能求和运算,否则提示错误信息
list(x)	把 x 转换为列表类型,x 可以是字符串也可以是字典类型
sorted(x)	对列表 x 进行排序,默认为升序,临时排序

1. 列表基本操作举例 1

```
>>> list4 = [4.5,7,6,90]
>>> max(list4)              #求最大值
90
>>> min(list4)              #求最小值
4.5
>>> len(list4)              #求列表长度
4
```

2. 列表基本操作举例 2

```
>>> list4 = [4.5,7,6,90]
>>> sum(list4)                    #求列表和
107.5
>>> list1 = [1,2,3,'张三',2.8]
>>> sum(list1)                    #list1 含有非数字类型的元素,不能求和
Traceback (most recent call last):
  File "< pyshell            #10>", line 1, in <module>
    sum(list1)
TypeError: unsupported operand type(s) for + : 'int' and 'str'
>>> sorted(list4)                 #对列表排序,默认升序
[4.5, 6, 7, 90]
```

3. 列表基本操作举例 3

list(x)可以将变量 x 转换为列表类型,x 可以是字符串也可以是字典类型数据。

```
>>> list('生日快乐!')              #将字符串转换为列表类型数据
['生', '日', '快', '乐', '!']
>>> list({"03101":"张三","03102":"李四","03103":"王五"})
['03101', '03102', '03103']      #转换后结果只输出字典中的"键"值
```

4.1.4 列表操作方法

列表除了使用运算符和函数完成相关操作,系统还提供一些操作方法,其语法格式如下。

<列表名称>.<方法名称>(<方法参数>)

表 4-3 列出了列表常见的操作方法及相关说明。

表 4-3 列表常见操作方法及说明

方　　法	功　能　描　述
x.append(n)	在列表 x 最后增加一个元素 n
x.insert(i,n)	在列表 x 第 i 个位置上增加一个元素 n
x.clear( )	删除列表 x 中所有元素
x.pop(i)	将列表 x 第 i 个位置元素取出并删除
x.remove(n)	删除列表 x 中出现的第一个元素 n
x.reverse(n)	将列表 x 所有元素翻转,以倒序形式存在
x.copy( )	复制列表 x 中所有元素,生成一个新的列表
x.index('n')	将列表中数据'n'第一次出现的序号输出
x.extend(列表 b)	在列表末尾追加序列 b
x.count('n')	返回'n'元素在列表中的个数
x.sort( )	对列表进行排序,永久顺序

1. 列表元素增加(三种方法)

(1) 在列表末尾增加一个元素:append()。

```
>>> a = [1,2,3,4]
>>> a.append('开心')          #通过追加方法在列表末尾增加一个元素
>>> print(a)
[1, 2, 3, 4, '开心']
```

(2) 在指定位置增加一个元素：insert()。

```
>>> a.insert(2,'每一天')       #在指定位置后面增加一个元素
>>> print(a)
[1, 2, '每一天', 3, 4, '开心']
```

(3) 在列表后面追加序列：extend()。

```
>>> b = ['hello','girl']
>>> a.extend(b)               #在列表a后面追加序列b
>>> a
[1, 2, 3, 4, 'hello', 'girl']
```

2. 列表元素的删除(四种方法)

(1) 用 pop()删除元素。

```
>>> a = [1,2,3,4]
>>> a.pop(2)                  #将列表中序列号为2对应的元素删除
3
>>> print(a)
```

(2) 用 remove()删除元素。

```
>>> a = [1,2,3,4]
>>> b = [2,2,5,6]
>>> c = a + b
>>> print(c)
[1, 2, 3,4, 2, 2, 5, 6]
>>> c.remove(2)               #将列表c中第一次出现的元素2删除
>>> print(c)
[1, 3,4, 2, 2, 5, 6]
```

(3) 用 clear()清空列表。

```
>>> c.clear()
>>> print(c)
[ ]
```

通过上面的例子可知，如果有很多重复的元素，用户只想删除第一个，x.remove()就可以解决问题。如果用户既想删除元素，又想知道删除的是第几个元素，x.pop()就可以满足要求了。如果列表中的元素都不想要了，那么 x.clear()正合此意。

（4）使用 Python 保留字 del 删除元素。

del 命令使用方法如下。
- del   <列表变量>　[<索引序号>]
- del   <列表变量>　[<索引起始>:<索引结束>]
- del   <列表变量>　[<索引起始>:<索引结束>:<步长>]

由此可见，使用 del 命令进行删除列表中的元素，当务之急是找到该元素在列表中的位置，位置一旦确定，删除就迎刃而解了。

```
>>> ls = ["游泳","跑步","瑜珈","健美操"]
>>> del ls[2]
>>> print(ls)
['游泳', '跑步', '健美操']
>>> del ls[1:3]
>>> print(ls)
['游泳']
>>> lst = ["游泳","跑步","瑜珈","健美操","足球","排球",'乒乓球']
>>> del lst[1:6:2]
>>> print(lst)
['游泳', '瑜珈', '足球', '乒乓球']
```

3. 列表元素翻转（逆序排列）

```
>>> a = [1,2,3,4]
>>> a.reverse()
>>> print(a)
[4, 3, 2, 1]
```

4. 列表元素复制

```
>>> a = [1,2,3,4]
>>> b = a.copy()
>>> print(b)
[1,2,3,4]
```

试想一下，如果列表 b 来源于列表 a，将列表 a 清空后，列表 b 中的元素如何反应呢？

```
>>> a.clear()
>>> a
[]
>>> b
[1, 2, 3, 4]
```

由上例可知，列表 b 中的元素并未受到列表 a 被清空的影响，列表 b 中的元素依然存在。

5. 列表元素修改

需要注意的是，对于基本数据元素，例如，整数或者字符串可以通过"="对某个数据赋值并修改。但是对于列表型数据，使用"="无法实现真正的赋值，必须使用索引符号或切片符号与"="配合使用才能对列表元素进行修改。修改的内容可以不等长，但是要遵循"多增少减"的原则。

```
>>> a1 = [1,2,3,4,5,6,7,8]
>>> a1[3] = "apple"
>>> print(a1)
[1, 2, 3, 'apple', 5, 6, 7, 8]
>>> a1[1:3] = "pear"
>>> print(a1)
[1, 'p', 'e', 'a', 'r', 'apple', 5, 6, 7, 8]
```

6. 列表元素定位

```
>>> >>> fruit = ['apple','pear','banana']
>>> print(fruit.index('pear'))          #返回该元素对应的索引值
1
>>> print(fruit.index('apple'))
0
```

7. 统计列表中某个元素的个数

使用 len()函数可以统计一个列表中全部元素的个数,使用 x.count()函数可以统计列表中某一个元素的个数。

```
>>> a = [1,2,2,3,3,4,4,5,5,5,5,3,2,3,3,5]
>>> a.count(3)
5
>>> a.count(5)
6
```

8. 对列表中的元素进行排序

sorted()和 x.sort()都可以对列表进行排序,但 sorted()获得临时排序结果,原始列表的排列顺序不变。使用 x.sort()获得永久排序结果,原始列表的排列顺序也会随之改变,并且没有输出值。在实际操作中,使用 sorted()函数获得新的列表顺序频率更高。

1) x.sort()获得永久排序

```
>>> b = ['a','m','c','d','34']
>>> c = b.sort()
>>> b
['34', 'a', 'c', 'd', 'm']          #列表 b 的顺序已经被改变
>>> print(c)                         #重新排序后的列表没有返回值
None
```

2) sorted()获得临时排序结果

```
>>> a = [1,8,7,0,5]
>>> sorted(a)
[0, 1, 5, 7, 8]                      #获得新的排列顺序,是临时顺序
>>> a
[1, 8, 7, 0, 5]                      #列表 a 的顺序没变,进一步证实使用 sorted()获得临时顺序
```

4.1.5 列表的综合应用

【例 4-1】 创建一个程序文件,实现如下功能。程序中定义一个保存 10 名学生英语成绩的列表 englist,通过相应代码统计出上述 10 名学生的英语科目的平均成绩、班级获得 100 分的人数、全班英语成绩的最高分数及最低分数。最终程序运行结果如下。

```
英语的平均成绩为:
XXX
获得满分的人数:
XXX
班级最高分是:
XXX
班级最低分是:
XXX
```

问题分析:本题相对之前题目综合性更强,需要将多种函数功能灵活运用。运用之前所讲的函数 max()、min() 及 count() 可以求出最高分、最低分及每个分数的具体人数。至于平均分的获得并没有对应函数可以直接使用,但可以通过 sum()/len() 方法获得,代码如下。

```
englist = [89,78,96,77,99,65,100,58,81,69]
print("英语的平均成绩为:")
print(sum(englist)/len(englist))
print("获得满分的人数:")
print(englist.count(100))
print("班级最高分是:")
print(max(englist))
print("班级最低分是:")
print(min(englist))
```

【例 4-2】 自从 2020 年 1 月起,世界人民并肩作战共同抗击新冠肺炎。已知有一个列表为 country,其内容为截至 2020 年 3 月 8 日新冠肺炎确诊病例最多的前 8 个国家(按降序排列)的名称:country=['中国','韩国','伊朗','日本','马来西亚','巴林','科威特','伊拉克']。要求通过编写相应代码,实现如下功能。

(1) 在列表末尾增加新冠肺炎确诊人数排名第九、第十的国家:新加坡、阿联酋。
(2) 将新生成的列表按升序重新排列并显示。
(3) 删除"马来西亚"国家后,重新显示列表信息。

问题分析:此题考察列表增加序列、翻转排序及删除列表元素的方法,具体代码如下。

```
country = ['中国','韩国','伊朗','日本','马来西亚','巴林','科威特','伊拉克']
country.extend(['新加坡','阿联酋'])
country.reverse()
print(country)
country.pop(5)
print(country)
```

总之,列表是一个十分灵活的数据结构,它具有处理任意数据长度、混合数据类型的能力,并提供了丰富的基本操作符和方法,方便用户管理批量数据。

4.1.6 元组

1. 元组的特点

元组同列表都属于有序序列数据,但元组属于不可变序列,也就是说不可以修改元组中任何一个元素的值,也无法对元组增加或删除元素。一旦用户创建了一个元组,任何方法都不能改变其值,如果确实需要改变,只能重新再创建一个元组,因此列表中许多操作方法都不适合于元组。例如,采用append()、insert()等方法无法向元组中添加元素。同样,元组也没有remove()和pop()方法,也不支持对元组元素进行del操作,只能使用del命令删除整个元组。

元组也支持切片操作,但是只能通过切片来访问元组中的元素,而不允许使用切片来修改元组中元素的值。从某种意义上讲,元组是轻量级的"列表"或者"常量列表"。

元组同整数、字符串一样是不可变序列,因此可用作字典中的"键",也可以作为集合中的元素。而列表永远不能当作字典中的"键"使用,也不可能作为集合中的元素,因为列表是可变的。

如果在实际操作中,某些数据不需要改变,用户可以将这些数据定义为元组类型更占优势,因为元组不可修改的属性使其具有"写保护"功能,令代码更加安全。例如,在程序中以列表的形式传递一个对象的集合,可能在程序的某个地方不小心修改了这个列表,这样的错误往往是致命的。但是使用元组就不会发生类似情况。也就是说,元组提供了一种完整性约束,这种约束在开发大型程序时带来了极大的方便。

2. 创建元组

使用赋值运算符"="与符号"()"可以创建一个元组,元组中所有元素放在一对小括号"()"中,各元素之间用","分隔,系统允许出现空的元组。

```
>>> t1 = ()
>>> t1
()
>>> 1,2,3
(1, 2, 3)
>>> (3,4,5)
(3, 4, 5)
```

在列表中逗号","只起到分隔的作用,但在元组中并非如此。有时是否有一个逗号","直接决定了一个对象是否是元组。

```
>>> 2
2
>>> 2,
(2,)
```

3. 元组简单操作

```
>>> t = (1,'er',213,True)
>>> print(t)
(1, 'er', 213, True)
>>> (a,b,c,d) = t
>>> b
'er'
>>> d
True
>>> 1,2,3           # 未明确定义是元组还是列表,系统默认为元组
(1,2,3)
```

4. 列表与元组相互转换函数

列表与元组可以通过 tuple(列表)和 list(元组)函数实现相互转换。

1) 元组转换成列表

```
>>> c = list(b)
>>> type(c)
<class 'list'>
```

2) 列表转换成元组

```
>>> a = [1,2,3,4]
>>> type(a)
<class 'list'>
>>> b = tuple(a)
>>> print(b)
(1, 2, 3, 4)
>>> type(b)
<class 'tuple'>
```

4.1.7 range()函数

range()函数严格地说也是序列类型数据之一,经常用在 for 循环结构中,用于产生循环次数。该函数可以在执行时一边计算一边生成一个不可变的整数序列,常见格式有如下三种。

- range(初始值,终值,步长)
- range(初始值,终值)
- range(终值)

说明:初始值与终值的含义与切片操作相似,也不包括终值。步长默认值为1,也可以为负数,但是不能为0,否则会出现异常。当步长为负数时,终值大于初始值或者当步长为正数时,终值小于初始值,将生成空序列。

```
>>> list(range(4,10))
[4, 5, 6, 7, 8, 9]
>>> list(range(5))
[0, 1, 2, 3, 4]
>>> list(range(2,10,3))
[2, 5, 8]
>>> list(range(0))
[]
>>> list(range(2,0))
[]
```

4.1.8 any()和all()函数

any()和all()函数属于Python语言内置函数,主要针对组合数据类型计算。

all()函数的功能是:如果参数中的每一个元素都是True,则函数值为True,否则返回值为False。需要注意的是:系统将整数0、空字符串""、空列表[]、空元组等都当作False。

any()函数功能与all()函数功能恰好相反,只要组合数据类型中任何一个是True,则返回值是True,只有全部元素都是False时,函数返回值为False。

```
>>> lb = [1,True,True]
>>> all(lb)
True
>>> lc = [False,1,None]
>>> any(lc)
True
>>> ls = [1,True,""]        #""空字符串被认为False
>>> all(ls)
False
```

4.2 集　　合

集合数据类型是一组无序且不重复0个或多个数据的组合体。集合中所有数据包含在一对大括号"{ }"中,各数据之间用逗号","分隔。由于集合中的数据无序,输出时顺序不唯一。另外,由于集合中的数据唯一存在,使用集合类型能够过滤掉重复元素。

4.2.1 创建集合

1. 直接创建集合

用"="赋值语句将多个用逗号分隔的数据包含在一对大括号中。

```
>>> a = {12,'45',12.345,'张三'}
>>> print(a)
{12, '45', 12.345, '张三'}
```

2. 用内置的 set() 函数创建集合

set() 函数可以生成一个空集合。

```
>>> s = set()
>>> print(s)
set()
>>> s1 = set([1,2,,2,3])
>>> s1
{1, 2, 3}                    #集合中不允许出现相同元素,自动去掉"2"
```

该方法也可以将列表、元组、字符串等类型数据转换成集合类型的数据。

```
>>> b = set(('c','c++','java','Python'))    #必须使用两层圆括号,否则系统提示错误
>>> b
{'Python', 'c', 'c++', 'java'}              #输出顺序与原数据不一致,属于正常现象
>>> c = set([1,2,3,4])                      #将列表类型转换为集合类型
>>> c
{1, 2, 3, 4}
>>> d = set('hello')                        #将字符串类型转换为集合类型
>>> d
{'o', 'e', 'h', 'l'}                        #系统自动去掉重复值
```

4.2.2 集合基本操作

1. 访问集合元素

由于集合本身是无序的,因此不能用索引或切片方法访问集合,只能用 in 或 not in 运算符来判断集合元素是否存在。

```
>>> c = set([1,2,3,4])
>>> 2   in c
True
>>> 'm' not in c
True
```

2. 删除集合元素

可以使用 del 语句来删除集合。

```
>>> a = {12,'45',12.345,'张三'}
>>> del a
>>> print(a)
Traceback (most recent call last):    File "<pyshell #8>", line 1, in <module>    print(a)
NameError: name 'a' is not defined
```

4.2.3 集合的操作方法

除了利用上述语句对集合进行操作,系统也提供了若干个内置操作方法,表 4-4 列出了

集合常见的内置方法及相关说明。

表 4-4 集合常见的内置方法及相关说明

方　　法	功　能　描　述
s.add(obj)	在集合 s 中添加对象 obj
s.update(t)	用 t 中的元素修改 s，修改后集合中包含 s 和 t 的成员
s.remove(obj)	从集合 s 中删除 obj 对象。如果 obj 对象不是 s 中的元素,将返回 Key Error 系统错误
s.discard(obj)	如果 obj 对象是 s 中的元素,将删除该对象；若不存在 obj 对象,不提示错误信息
s.pop()	随机删除集合 s 中的任意一个对象,并返回该对象
s.clear()	删除集合 s 中的所有元素

1. 增加元素

```
>>> x = {1,2,3}
>>> x.add('apple')
>>> x
{1, 2, 3, 'apple'}
```

2. 更新集合

```
>>> x = {1,2,3}
>>> x.update({2,4,5},{3,6})
>>> x
{1, 2, 3, 4, 5, 6}           ♯系统自动去掉了重复值
```

3. 删除指定元素

1) remove()方法

```
>>> x = {1,2,3}
>>> x.remove(2)
>>> x
{1, 3}
>>> x.remove('a')            ♯没有要移除的对象,提示错误信息
Traceback (most recent call last): File "< pyshell ♯19 >", line 1, in < module >
    x.remove('a')
KeyError: 'a'
```

2) discard()方法

```
>>> x.discard(2)
>>> x
{1, 3}
>>> x.discard('a')           ♯如果集合中没有要删除的元素,不提示错误信息
>>> x
{1, 3}
```

4. 删除任意元素

```
>>> a = {12,'45',12.345,'张三'}
>>> a.pop()
'45'
>>> a.pop()            ♯ 删除数据是随机的
'张三'
```

5. 清空集合

```
>>> a = {12,'45',12.345,'张三'}
>>> a.clear()
>>> a
set()
```

4.2.4 集合常用运算符

Python 语言中的集合与数学领域中的集合概念相似，表 4-5 提供了四种常用运算符，其功能如下。

表 4-5　集合常用运算符

运算符	功　能　描　述
&	求集合间的交集
|	求集合间的并集
-	求集合间的差集
^	求集合间的对称差集，即求集合间的相异元素

1. "&"求交集

```
>>> s1 = {0,1,2,3,4,5,6,7}
>>> s2 = {2,3,4,5,5,6,7,8}
>>> a = s1&s2
>>> a
{2, 3, 4, 5, 6, 7}
```

2. "|"求并集

```
>>> s1 = {0,1,2,3,4,5,6,7}
>>> s2 = {2,3,4,5,5,6,7,8}
>>> b = s1|s2
>>> b
{0, 1, 2, 3, 4, 5, 6, 7, 8}
```

3. "-"求差集

```
>>> s1 = {0,1,2,3,4,5,6,7}
>>> s2 = {2,3,4,5,5,6,7,8}
```

```
>>> c = s1 - s2
>>> c
{0, 1}
>>> d = s2 - s1
>>> d
{8}
```

4. "^"求对称差集(相异元素)

```
>>> s1 = {0,1,2,3,4,5,6,7}
>>> s2 = {2,3,4,5,5,6,7,8}
>>> e = s1^s2
>>> e
{0, 1, 8}
```

4.2.5 集合比较运算符

集合间的元素也可以比较大小,比较的结果是布尔型数据。集合中使用的运算符及其功能描述如表 4-6 所示。

表 4-6　集合运算符及其功能

比较运算符		功 能 描 述
s1==s2	等于	如果两个集合相同,返回值为 True,否则为 False
s1!=s2	不等于	如果两个集合不相同,返回值为 True,否则为 False
s1>=s2	大于或等于	判断 s1 是否是 s2 的超集。如果 s2 中所有元素都是 s1 的元素,则返回值为 True,否则为 False。s1 可以等于 s2
s1>s2	大于	判断 s1 是否是 s2 的真超集。如果 s1 不等于 s2,且 s2 中所有元素都是 s1 的元素,则返回值为 True,否则为 False。s1 不可以等于 s2
s1<=s2	小于或等于	判断 s1 是否是 s2 的子集。如果 s1 中所有元素都是 s2 的元素,则返回值为 True,否则为 False
s1<s2	小于	判断 s1 是否是 s2 的真子集。如果 s1 不等于 s2,且 s1 中所有元素都是 s2 的元素,则返回值为 True,否则为 False

1. 判断集合中的元素是否相等

```
>>> x = {1,2,3,4}
>>> y = {4,3,2}
>>> x == y
False
>>> x != y
True
```

2. 集合中元素的其他比较方法

```
>>> x = {1,2,3,4}
>>> y = {4,3,2}
```

```
>>> x >= y
True
>>> x <= {5,4,3,2,1}
True
>>> x < y
False
>>> x <= y
False
```

4.3 字　　典

　　列表是有顺序的,可以对列表中的元素进行排序。但是字典同集合一样,是无序、不重复数据的集合。如果向字典中添加内容,然后输出,会发现显示的顺序与添加的顺序可能不同。

　　字典是 Python 语言中唯一的映射类型。这种映射类型由"键"(key)和"值"(value)组成,每对"键"和"值"用冒号":"分隔,不同的"键值对"通过逗号","分开,所有的"键值对"都放在一对大括号"{}"中。

　　字典中的值没有确定的顺序,值都存在特定的键中,其中,键的数据类型必须是不可变的数据。

```
>>> a = {"水果":"西瓜","谷物":"红豆","蔬菜":"黄瓜"}
>>> a
{'水果': '西瓜', '谷物': '红豆', '蔬菜': '黄瓜'}
```

　　从 Python 设计角度考虑,由于大括号"{}"可以表示集合,所以字典类型也具有集合类似的性质,即键值对之间没有顺序且不能重复,可以理解为字典是键值对的集合。每一个"键值对"信息称为一个"条目"。

　　虽然字典和集合都使用大括号"{}",但两者是不同的数据类型。如果用大括号"{}"创建数据,系统将生成字典类型数据而不是集合类型数据。

　　用户在使用字典时,需要遵守以下几个原则。

　　(1) 字典是键值对的集合,该集合以键为索引,一个"键"信息只对应一个"值"信息。

　　(2) 字典中元素以"键"信息为索引访问。

　　(3) 字典的长度可变,通过采取对"键"信息赋值实现增加或者修改键值对对应的信息。键值对是组织数据的一种重要方式,广泛应用在当代大型信息系统中,例如,Web 系统。理解并掌握键值对的概念和用法,将有利于提升计算机操作效率。

4.3.1　创建字典

1. 直接创建字典

　　用"="赋值语句,用大括号"{}"将字典的键值对括起来,每个键值对元素之间用逗号","分开,键与值之间用冒号":"分开,形成一对一对的映射关系。需要注意的是,由于字典中的元素是无序的,所以输出结果有时键值对的顺序不唯一。

2. 用内置的 dict()函数创建字典(四种方法)

1) 创建空字典

使用 dict()函数可以创建空字典,它的作用与 set()函数功能相同。

```
>>> w = dict()
>>> print(w)
{ }
```

通过 dict()函数也可以将序列类型的数据转换为字典类型。

2) 以键值对列表形式建立字典

```
>>> m = dict([('张红',3500),('李然',4215),('王天一',4567)])  #以键值对列表形式建立字典
>>> print(m)
{'张红': 3500, '李然': 4215, '王天一': 4567}
```

3) 以键值对方式建立字典

```
>>> n = dict(张红 = 3500,李然 = 4215,王天一 = 4567)         #以键值对方式建立字典
>>> print(n)
{'张红': 3500, '李然': 4215, '王天一': 4567}
```

4) 以键值对元组形式建立字典

```
>>> p = dict((('张红',3500),('李然',4215),('王天一',4567)))  #以键值对元组形式建立字典
>>> print(p)
{'张红': 3500, '李然': 4215, '王天一': 4567}
```

4.3.2 字典基本操作

1. 索引字典元素

字典可以使用下标的方式(索引)来访问字典中的元素,字典的下标是"键",如果要访问的"键"信息不存在,系统提示异常,否则给出具体的"值"信息。

```
>>> a = {"水果":"西瓜","谷物":"红豆","蔬菜":"黄瓜"}
>>> a['谷物']
'红豆'
>>> a['黄瓜']
Traceback (most recent call last):
  File "<pyshell #14>", line 1, in <module>
    a['黄瓜']
KeyError: '黄瓜'
```

2. 删除字典一个条目:del 命令

用户可以使用保留字 del 命令删除字典中指定"键"对应的元素。

```
>>> a = {"水果":"西瓜","谷物":"红豆","蔬菜":"黄瓜"}
>>> del a['水果']
>>> a
{'谷物': '红豆', '蔬菜': '黄瓜'}
```

3. 添加/修改字典元素

字典没有大小限制，用户可以随时向字典添加键值对，或修改现有键值对的关联值，两者方法相同，都是使用"字典变量名［键名］＝键值"的形式。至于是添加还是修改，主要看"键"名与字典中的"键"名是否有重复，如果该"键"已经存在，则表示修改该"键"的值，否则就意味着添加一对新的键值对，增加新的元素。

```
>>> a = {"水果":"西瓜","谷物":"红豆","蔬菜":"黄瓜"}
>>> a['水果'] = '草莓'
>>> a
{'水果': '草莓', '谷物': '红豆', '蔬菜': '黄瓜'}            ＃水果类由西瓜变为草莓
>>> a['饮料'] = '冰红茶'
>>> a
{'水果': '草莓', '谷物': '红豆', '蔬菜': '黄瓜', '饮料': '冰红茶'} ＃增加一个新的键值对
```

4.3.3 字典操作函数

针对字典类型系统还设置一些通用函数，各函数功能如表 4-7 所示。

表 4-7 字典的操作函数

操作函数	功 能 描 述
len(d)	求字典 d 中元素的个数
min(d)	求字典 d 中键的最小值
max(d)	求字典 d 中键的最大值
dict()	生成一个空字典
in /not in	判断一个键是否在字典中，如果在，返回 True；否则返回 False

1. 字典基本操作函数举例 1

```
>>> a = {"水果":"西瓜","谷物":"红豆","蔬菜":"黄瓜"}
>>> len(a)
3
>>> min(a)              ＃按照汉字在 Unicode 编码中的大小进行比较
'水果'
>>> max(a)
'谷物'
```

2. 字典基本操作函数举例 2

字典类型也支持保留字 in，用来判断某个键在字典中是否存在。如果存在，则返回 True，否则返回 False。

```
>>> '谷物' in a
True
>>> '饮料' in a
False
>>> '谷物' not in a
False
```

4.3.4 字典操作方法

字典类型也存在一些操作方法,其语法形式如下。

<字典名称>.<方法名称>(<方法参数>)

表 4-8 给出字典类型常见的操作方法及其功能描述。

表 4-8 字典操作方法及其功能说明

操作方法	功 能 描 述
d.keys()	返回字典中所有键的信息
d.values()	返回字典中所有值的信息
d.items()	返回字典中所有键值对的信息
d.get(key,default)	如果键存在,返回相应值,否则返回默认值 default
d.pop(key,default)	如果键存在,返回相应值,同时删除键值对,否则返回默认值 default
d.popitem()	随机从字典中取出一个键值对,以元组(key,value)形式返回,同时将该键值对从字典中删除
d.clear()	删除所有键值对信息,清空字典

1. d.keys()

该方法用于返回字典中所有"键"信息,返回值为系统内部数据类型 dict_keys。如果希望充分利用返回结果,可将其转换为列表。

```
>>> a = {"水果":"西瓜","谷物":"红豆","蔬菜":"黄瓜"}
>>> a.keys()
dict_keys(['水果', '谷物', '蔬菜'])
>>> type(a.keys())          #为系统内部数据类型 dict_keys
<class 'dict_keys'>
>>> list(a.keys())
['水果', '谷物', '蔬菜']
```

2. d.values()

该方法用于返回字典中所有"值"信息,返回值为系统内部数据类型 dict_values。如果希望充分利用返回结果,可将其转换为列表。

```
>>> a = {"水果":"西瓜","谷物":"红豆","蔬菜":"黄瓜"}
>>> a.values()
dict_values(['西瓜', '红豆', '黄瓜'])
>>> type(a.values())
```

```
<class 'dict_values'>
>>> list(a.values())
['西瓜', '红豆', '黄瓜']
```

3. d.items()

该方法用于返回字典中所有键值对信息，返回值为系统内部数据类型 dict_items。如果希望充分利用返回结果，可将其转换为列表，键值对以元组（括号形式）表示。

```
>>> a = {"水果":"西瓜","谷物":"红豆","蔬菜":"黄瓜"}
>>> a.items()
dict_items([('水果', '西瓜'), ('谷物', '红豆'), ('蔬菜', '黄瓜')])
>>> type(a.items())
<class 'dict_items'>
>>> list(a.items())
[('水果', '西瓜'), ('谷物', '红豆'), ('蔬菜', '黄瓜')]
```

4. d.get(key,default)

根据"键"信息查找并返回"值"信息，如果 key 存在，返回相应值，否则返回默认值。default 参数可以省略，如果省略，默认值为空。

```
>>> a = {"水果":"西瓜","谷物":"红豆","蔬菜":"黄瓜"}
>>> a.get('蔬菜')
'黄瓜'
>>> a.get('饮料')
>>> a                          #由于没有"饮料"这个键，其值为空，不返回任何信息
{'水果': '西瓜', '谷物': '红豆', '蔬菜': '黄瓜'}
>>> a.get('饮料','豆浆')       #由于设置了一对键值，直接返回该"键"对应的"值"
'豆浆'
>>> a
{'水果': '西瓜', '谷物': '红豆', '蔬菜': '黄瓜'}    #并没有增加"饮料"与"豆浆"这对键值
```

5. d.pop(key,default)

根据"键"信息查找并取出"值"信息，如果"键"信息存在，返回相应"值"信息，同时删除键值对，否则返回默认值。default 参数可以省略，如果省略默认值为空。与 d.get()方法相比，d.pop()方法在取出相应值后，将从字典中删除对应的键值对。

```
>>> a = {"水果":"西瓜","谷物":"红豆","蔬菜":"黄瓜"}
>>> a.pop('谷物')
'红豆'
>>> print(a)
{'水果': '西瓜', '蔬菜': '黄瓜'}
>>> a.pop('饮料','豆浆')
'豆浆'
>>> a
{'水果': '西瓜', '蔬菜': '黄瓜'}           #并没有增加"饮料"与"豆浆"这对键值
```

6. d. popitem()

随机从字典中取出一个键值对,以元组(key,value)形式返回,同时将该键值对从字典中删除。

```
>>> a = {"水果":"西瓜","谷物":"红豆","蔬菜":"黄瓜"}
>>> print(a.popitem())
('蔬菜', '黄瓜')
>>> a
{'水果': '西瓜', '谷物': '红豆'}
```

7. d. clear()

删除键值对所有条目的信息,清空字典。

```
>>> a = {"水果":"西瓜","谷物":"红豆","蔬菜":"黄瓜"}
>>> a.clear()
>>> a
{ }
```

4.4 时间、日期函数库介绍

在实际实用过程中,经常遇到处理时间的问题,Python 语言提供了多种处理时间、日期的标准库,如 time 库、datetime 库、calendar 库等。接下来将介绍两种最常用的处理日期与时间的标准库 time 库和 datetime 库。

4.4.1 time 函数库

time 库是 Python 语言提供的处理时间的标准库,它拥有系统级精确计时器的计时功能,还可以用来分析程序性能,也可以让程序暂停运行,是全国二级考试 Python 语言可选测试库之一。

time 函数库作为标准库之一,在应用函数库之前必须将该库导入,导入方法同 turtle 函数库,具体方法不再赘述。

time 库主要有三大类功能:时间处理、时间格式化和计时。

时间处理主要包括四个函数:time(),gmtime(),localtime(),ctime()。

时间格式化主要包括三个函数:mktime(),strftime(),strptime()。

计时主要包括两个函数:sleep(),perf_counter()。

接下来,逐一介绍各函数的功能及用法。

1. time()

功能:获取当前的时间戳。

所谓的时间戳是指格林威治时间 1970 年 01 月 01 日 00 分 00 秒(北京时间 1970 年 01 月 01 日 08 时 00 分 00 秒)起至现在的总秒数。Python 语言获取时间的常用方法是:先得到时间戳,再将其转换成想要的时间格式。

```
>>> from time import *
>>> time()
1554606201.9669528
```

2. gmtime()

功能：获取当前时间戳对应的 struct_time(结构化时间)对象。其中，struct_time(结构化时间)对象的数据类型是元组。由于日期、时间包含许多变量，所以 Python 语言定义了一个元组 struct_time 将所有这些变量组合在一起，包括 4 位年份、月份、日期、小时、分钟、秒等信息。

```
>>> gmtime()
time.struct_time(tm_year = 2019, tm_mon = 4, tm_mday = 7, tm_hour = 3, tm_min = 23, tm_sec = 0, tm_wday = 6, tm_yday = 97, tm_isdst = 0)
```

struct_time 数据类型各元素含义及取值范围如表 4-9 所示。

表 4-9 struct_time 各元素的含义及取值范围

元素名称	含义及取值范围
tm_year	四位的年份,整数
tm_mon	月份,1～12
tm_mday	日期,1～31
tm_hour	小时,0～23
tm_min	分钟,0～59
tm_sec	秒,0～61
tm_wday	星期,0～6,其中 0 表示星期一
tm_yday	该年的第几天,1～366
tm_isdst	是否为夏令时,0 表示否,1 表示是,−1 表示未知

3. localtime()

功能：返回当前时间戳对应的本地时间的 struct_time 对象。它与 gmtime() 的区别在于获取的当前时间已经自动转换为北京时间，而不是格林尼治时间。

```
>>> localtime()
time.struct_time(tm_year = 2019, tm_mon = 4, tm_mday = 7, tm_hour = 11, tm_min = 39, tm_sec = 28, tm_wday = 6, tm_yday = 97, tm_isdst = 0)
```

4. ctime()

功能：获取当前时间戳对应的易读字符串表示形式，并以当地时间输出。

```
>>> ctime()
'Sun Apr 7 11:43:42 2019'
```

5. mktime()

功能：将 struct_time 对象中的当地时间转换为时间戳。

```
>>> t = localtime()
>>> t
time.struct_time(tm_year = 2019, tm_mon = 4, tm_mday = 7, tm_hour = 11, tm_min = 47, tm_sec = 22, tm_wday = 6, tm_yday = 97, tm_isdst = 0)
>>> mktime(t)
1554608842.0
>>> ctime(mktime(t))
'Sun Apr 7 11:47:22 2019'
```

由上例可知,系统先将当地时间 struct_time 形式赋值给变量 t,接下来通过 mktime() 函数获得当地时间的时间戳,最后再通过 ctime() 函数得到当地时间易读的字符串表示时间形式。

6. strftime()

功能:该函数是时间格式化最有效的方法,几乎可以使用任何通用的格式输出时间。该方法是利用一个格式字符串,对时间格式进行表示。表 4-10 列出了 strftime() 方法的格式化控制符。

表 4-10 strftime() 方法的格式化控制符

格式化控制符	日期/时间	取值范围及实例
%Y	年份	0001~9999,例如 2019
%m	月份	01~12,例如 10
%B	月名	January~December,例如 April
%b	月名缩写	Jan~Dec,例如 Apr
%d	日期	01~31,例如 19
%A	星期	Monday~Sunday,例如 Friday
%a	星期缩写	Mon~Sun,例如 Fri
%H	小时(二十四进制)	00~23,例如 15
%I	小时(十二进制)	01~12,例如 6
%p	上午/下午	AM/PM,例如 PM
%M	分钟	00~59,例如 54
%S	秒	00~59,例如 27

```
>>> t = localtime()
>>> t
time.struct_time(tm_year = 2019, tm_mon = 4, tm_mday = 7, tm_hour = 12, tm_min = 5, tm_sec = 56, tm_wday = 6, tm_yday = 97, tm_isdst = 0)
>>> strftime("%Y-%m-%d %H:%M:%S %A",t)
'2019-04-07 12:05:56 Sunday'
```

7. strptime()

功能:该函数与 strftime() 函数的功能恰好相反,它用于提取字符串中的时间来生成 struct_time 对象,因此可以灵活地作为 time 模块的输入接口。

```
>>> t = '2019 - 4 - 7 12:11:26'
>>> strptime(t," % Y - % m - % d  % H: % M: % S")
time.struct_time(tm_year = 2019, tm_mon = 4, tm_mday = 7, tm_hour = 12, tm_min = 11, tm_sec =
26, tm_wday = 6, tm_yday = 97, tm_isdst = - 1)
```

8. sleep（休眠时间）

功能：设置休眠时间，单位是 s，可以是浮点数。即系统休息用户设置时间后再往下执行其他操作。

9. perf_counter()

功能：返回性能计数器的值（以分秒为单位），即具有最高可用分辨率的时钟，以测量短持续时间。它包括在睡眠期间和系统范围内流逝的时间。返回值的参考点未定义，因此只有连续调用结果之间的差异有效。

```
>>> perf_counter()
5333.05037703
>>> perf_counter()
5369.00844941
```

4.4.2 datetime 函数库

datetime 函数库是 Python 语言提供的另一个处理时间的标准函数库，它同 time 函数库的功能相似，都可以获得时间，也可以按用户选择的格式输出。由于它是标准库之一，使用前必须导入，导入方法与 time 函数库相同，此处不再介绍。

datetime 函数库同样以格林尼治时间为基础，每天由 3600×24s 精准定义。该库有两个常量 MAXYEAR 和 MINYEAR，注意这两个常量必须大写，其对应的值为 9999 和 1。

```
from datetime import *
>>> MAXYEAR
9999
>>> MINYEAR
1
```

datetime 函数库以类的方式提供多种日期和时间的表达方式。

（1）datetime.date：日期表示类，可以表示年、月、日等。

（2）datetime.time：时间表示类，可以表示小时、分钟、秒、毫秒等。

（3）datetime.datetime：日期时间表示类，功能涵盖 date 和 time 类。

（4）datetime.timedelta：与时间间隔有关的类。

由于 datetime.datetime 类的功能涵盖 date 和 time 类，接下来重点介绍该类。首先将该类导入：from datetime import datetime。

1. datetime.now()

功能：获得当前的日期及时间，无参数，精确到微秒。

```
>>> from datetime import datetime
>>> datetime.now()
datetime.datetime(2019, 4, 7, 12, 54, 6, 526483)
```

2. datetime.utcnow()

功能：获得UTC（世界标准时间）的时间对象，包括日期及时间，无参数，精确到微秒。

```
>>> datetime.utcnow()
datetime.datetime(2019, 4, 7, 4, 56, 17, 881287)
```

3. datetime(year,month,day,hour=0,minute=0,second=0,microsecond=0)

功能：根据参数值生成一个datetime对象，其中，小时、分、秒、微秒的值可部分或全部省略。如果时期或时间表示有个位数，前面不需要加"0"，否则系统出错。

```
>>> datetime(2008,8,8,20,8,8)
datetime.datetime(2008, 8, 8, 20, 8, 8)
```

4. datetime(日期,时间)常用属性

下面介绍datetime()类常用的几个属性。

(1) year：返回某个datetime对象中包含的年份。

(2) month：返回某个datetime对象中包含的月份。

(3) day：返回某个datetime对象中包含的日期。

(4) hour：返回某个datetime对象中包含的小时。

(5) minute：返回某个datetime对象中包含的分钟。

(6) second：返回某个datetime对象中包含的秒。

(7) microsecond：返回某个datetime对象中包含的微秒值。

注意：在使用上述属性时不要加()，否则系统出错。

```
>>> t = datetime(2008,8,8,20,8,8)
>>> t.year
2008
>>> t.month
8
>>> t.microsecond
0
>>> t.second
8
```

5. datetime(日期,时间)时间格式化方法

下面三个属性也属于datetime()类常用属性，它们的功能主要是用于根据要求将日期时间转换为相关的格式。

(1) isoformat()：采用ISO 8601标准显示时间。

(2) isoweekday()：根据日期计算星期后返回数值1~7，对应星期一~星期日。

(3) strftime(格式化字符串)：根据格式化字符串进行相关格式显示。

```
>>> t = datetime(2019,4,7,13,25,45)
>>> t.isoformat()
'2019-04-07T13:25:45'
>>> t.isoweekday()
7
```

.strftime(格式化字符串)的方法是时间格式化最有效的方法,几乎可以以任何通用的格式输出时间。参数中包含的格式化字符串的使用方法如表4-10所示,这里不再说明。

```
>>> from datetime import datetime
>>> t = datetime.now()
>>> t.strftime("%Y年%m月%d日")
'2019年04月07日'
>>> t.strftime("%A,%d,%B %Y %I:%M%p")
'Sunday,07,April 2019 02:57PM'
```

4.4.3 综合应用举例

【例4-3】 小华是一个非常有计划的人。她在学习列表及时间函数库的功能之后想到能否将一周安排定义在列表中,通过输出相关日期就可以查到该天应该做什么工作呢?聪明的你能否通过编写相应代码帮他实现愿望呢?

问题分析:此题涉及列表及时间函数库两部分知识。首先通过import导入时间函数库,其次要定义列表日期及每天要完成的工作。接下来,要考虑如何获取当前日期,并根据当前日期输出要完成的工作。具体代码如下。

```
import datetime
week = ['今天是星期一:\n 打扫卫生','今天是星期二:\n 打太极拳','今天是星期三:\n 读《红楼梦》',
'今天是星期四:\n 弹钢琴','今天是星期五:\n 写博客','今天是星期六:\n 游泳','今天是星期日:\n
练瑜伽']
day = datetime.datetime.now().weekday()
print(week[day])
```

通过上述内容介绍可知,time库和datetime库同为Python语言标准库,都能够获取及表示各种形式的日期时间数据对象,它们在使用上有一定的区别,更重要的是time库最初来源于UNIX操作系统的应用,其表达的时间范围是1970—2038年。如果用户表示的时间不在此范围内,需要使用datetime库,相对而言,datetime库函数的功能更丰富、更高级。

第 5 章　程序控制结构

Python 语言的程序控制结构由顺序、分支、循环三种基本结构组成。

顺序结构是指程序中的每一条语句按照输入先后顺序依次执行的一种运行方式。

分支结构又称为选择结构,包括单路分支、双路分支、多路分支三种方式。程序文件有时需要对条件进行判断,根据判断结果不同,从而采取不同的操作。程序中的某条语句是否被执行,有时需要通过一个或者几个条件共同判断,每个条件都由不同类型的表达式构成。表达多个条件需要通过逻辑运算符(and 或者 or)来连接。

循环结构是指某些语句在某种条件满足时被重复执行。虽然利用顺序结构或者分支结构也可以实现重复执行操作,但是采用上述方式会使代码显得杂乱无章,不易被理解,导致程序执行效率低下。

描述一个问题常见的程序方法有三种形式,分别是自然语言、流程图和伪代码。

自然语言描述问题时直接采用人类语言,前面介绍过的 IPO 模式就是其中的一种。它的优点是灵活自然,缺点是容易出现二义性,同一个问题可能产生多种不同程序代码。

采用流程图描述是最直观、最易懂的表达方式,主要适用于较短的算法。它的优点是直观明了,缺点是绘制流程图比较烦琐。如果一个程序非常庞大,绘制流程图增加了复杂度,降低了表达的清晰度。

伪代码是介于自然语言和流程图之间的一种算法描述语言,它不拘泥于具体编程语言,对整个算法的描述最接近自然语言。

由于 Python 语言语法相对简单,本书不介绍伪代码的描述方法,只介绍流程图表达程序控制结构的方法。

流程图主要用于关键部分程序分析和过程描述,它包含以下七种基本图形元素,如图 5-1 所示。

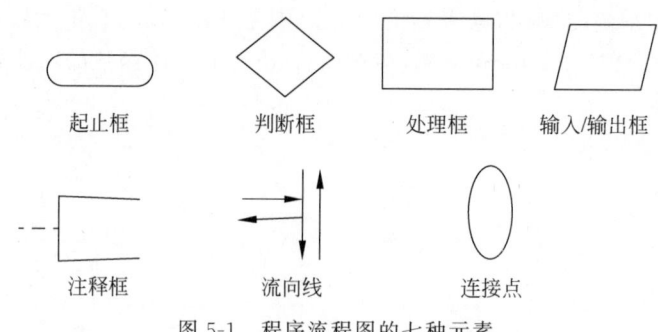

图 5-1　程序流程图的七种元素

上述各元素的含义如下。

起止框：表示一个程序的开始或结束。

判断框：对一个条件进行判断，根据判断的结果决定程序的执行路径。

处理框：表示一组处理过程。

输入/输出框：表示程序中的数据输入或结果输出。

注释框：对程序进行注释。

流向线：根据直线箭头的走向，对程序进行控制。

连接点：将多个流程图连接到一起。常用于将较小的流程图组织成较大的流程图。

5.1 顺序结构

5.1.1 顺序结构流程图

顺序结构就是按照输入语句的先后顺序依次执行的控制结构，它的流程图如图 5-2 所示。

在前面章节知识点的讲授过程中，编写了许多程序，解决了很多实用问题，上述程序都属于顺序控制结构，接下来再通过各种典型例子开拓读者的思路。

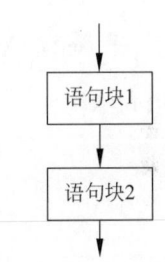

图 5-2 顺序结构流程图

5.1.2 顺序结构应用举例

【例 5-1】 已知三角形的三条边长为 a、b、c，根据下面公式计算三角形的面积，其中，$m=(a+b+c)/2, s=\sqrt{m(m-a)(m-b)(m-c)}$。要求：运算结果小数点后面保留两位。

问题分析：边长 a、b、c 的值可以通过 input 语句获得，由于 input 接收的都是字符型数据，因此可用 eval() 函数将其转换成数字型数据。另外，该公式中涉及平方根运算，可以导入 math 库，利用 math.sqrt() 函数才能计算出相关结果。针对运算结果保留两位的问题可以用 format() 格式化来实现。

```
import math
a = eval(input("请输入边长 a:"))
b = eval(input("请输入边长 b:"))
c = eval(input("请输入边长 c:"))
m = (a+b+c)/2
s = math.sqrt(m*(m-a)*(m-b)*(m-c))
print("三角形的面积为:{:.2f}".format(s))
```

运行结果如下。

```
请输入边长 a:2
请输入边长 b:3
请输入边长 c:4
三角形的面积为:2.90
```

【例 5-2】 已知某班有男同学 x 位、女同学 y 位，x 位男同学的平均分为 87 分，y 位女同学的平均分是 85 分，全班同学的平均分是多少？（结果保留小数点后面两位）

问题分析：此题的关键是男同学与女同学的人数不确定，可以通过 input 语句让用户输入具体的人数。运算结果需要保留两位小数，采用 format() 方法就迎刃而解了。

```
x = eval(input("请输入男同学人数:"))
y = eval(input("请输入女同学人数:"))
p = (87 * x + 85 * y)/(x + y)
print("全班平均分是:{:.2f}".format(p))
```

5.2 分 支 结 构

5.2.1 单路分支结构

1. 语句结构

Python 语言中的单路分支结构采用 if 保留字对条件进行判断，使用方法如下。

```
if <条件>:
    <语句块>
```

程序先对 if 语句后面的条件进行判断，如果判断结果为 True，执行<语句块>内部语句序列；如果判断结果为 False，跳过<语句块>，执行<语句块>后面的语句。其中，if <条件>后面一定要加":"，<语句块>前面必须采用缩进方式，这些都是语法的一部分。

2. 流程图

单路分支结构的流程如图 5-3 所示。

3. 单路分支应用举例

【例 5-3】 输入一个正整数，判断其奇偶性。如果是偶数显示"该数是偶数"；无论奇数还是偶数都显示"这个数是**"。

问题分析：判断一个数是奇数还是偶数，或者说一个数 m 能否被另一个数 n 整除，都可以使用"%"取模运算符进行判断，即 m%n==0 表示 m 能被 n 整除。在 Python 语言中，"=="表示相等。另外，此题无论单路分支条件判断的结果是真还是假，最终都要显示"这个数是**"，这是它们共同的出口，不要写在缩进语句中，否则无法完成题意的要求。

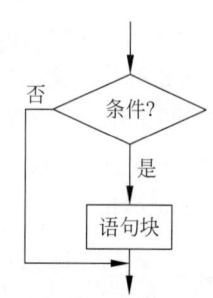

图 5-3 单路分支结构流程图

```
x = eval(input("请输入一个正整数:"))
if x % 2 == 0:
    print("这个数是偶数")
print("这个数是{}".format(x))
```

运行结果如下。

```
请输入一个正整数:56
这个数是偶数
这个数是 56
======= RESTART: C:/ /第 5 章/奇偶数判断.py =======
请输入一个正整数:45
这个数是 45
```

【例 5-4】 晶晶的朋友贝贝约晶晶下周一起去看展览,但晶晶每周一、三、五有课必须上课。请帮晶晶判断她能否接受贝贝的邀请,如果不能赴约请输出"No"。

问题分析:下周的某一个日期与数字"7"进行"%"取模运算,其返回值为 0~6,分别对应星期日到星期六。如果要满足多个条件,可以用 and 或 or 逻辑运算符组合连接。

```
x = eval(input("请输入一个日期:"))
if x % 7 == 1 or x % 7 == 3   or x % 7 == 5 :
    print("No")
```

5.2.2 双路分支结构

1. 语句结构

Python 语言中的双路分支结构采用 if 和 else 保留字对条件进行判断,使用方法如下。

```
if  <条件>:
    <语句块 1>
else:
    <语句块 2>
```

程序先对 if 语句后面的条件进行判断,如果判断结果为 True,执行<语句块 1>内部语句序列;如果判断结果为 False,执行<语句块 2>内部的语句。其中,if <条件>后面和 else 后面一定要加":",<语句块>前面必须采用缩进方式,这些都是语法的一部分。

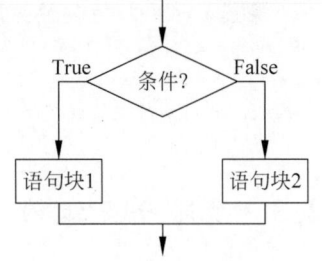

图 5-4 双路分支结构流程图

2. 流程图

双路分支结构的流程如图 5-4 所示。

3. 双路分支应用举例

【例 5-5】 输入一个人的年龄,如果年龄大于或等于 18 岁,输出"已成年";否则输出"未成年"。

问题分析:本题是典型的双路分支结构,根据题目要求直接套用双路分支语句结构即可。

```
x = eval(input("请输入年龄:"))
if x >= 18:
    print("已成年!")
else:
    print("未成年!")
```

【例 5-6】 给出一名学生的语文和数学成绩,判断他是否有一门功课不及格(成绩小于 60 分)。如果该生恰好有一门功课不及格,输出"是",否则输出"不是"。

问题分析:判断恰好有一门功课不及格的含义是指只有一门成绩不及格。也就是说,要么数学不及格但语文及格,要么语文不及格但数学及格。针对这两种情况分别进行判断处理,此题判断条件应该是:语文>=60 and 数学<60 or 语文<60 and 数学>=60。

```
语文 = eval(input("请输入语文成绩:"))
数学 = eval(input("请输入数学成绩:"))
if 语文>= 60 and 数学< 60    or 语文< 60 and 数学>= 60:
    print("是")
else:
    print("否")
```

【例 5-7】 星期日上午,小明乘坐出租车到本市奶奶家。出租车计价方案是 3 千米(包括 3 千米)起步价为 8 元,超过 3 千米以后按 1.3 元/千米计价,整个乘车途中另加 1 元的燃油费。已知:小明到奶奶家的路程为 n 千米,请计算小明到奶奶家的出租车费用是多少元。(要求四舍五入保留到整数位)

问题分析:这是典型的分段计算的题目。首先用变量 n 表示小明到奶奶家的千米数,money 表示所需费用。接下来,判断千米数是否超过 3 千米,未超过则 money=8;如果超过 3 千米,超过的部分按 1.3 元/千米计算,最后还要再加 1 元的燃油费,另外采用 round()函数可以有效解决四舍五入问题。

```
n = eval(input("请输入千米数:"))
if n <= 3:
    money = 8
else:
    money = 8 + (n - 3) * 1.3
money = money + 1
money = round(money)
print("出租车费用是:{}".format(money))
```

5.2.3 多路分支结构

1. 语句结构

Python 语言中的多路分支结构采用 if、elif、else 等保留字对条件进行判断,使用方法如下。

```
if  <条件 1>:
    <语句块 1>
elif  <条件 2>:
    <语句块 2>
…
else:
    <语句块 N>
```

程序根据设置条件的先后顺序进行判断,如果第一个条件的判断结果为 True,执行<语句块 1>内部语句后跳出 if…elif…else 结构,不再往下执行。如果第一个条件不满足,从第二个条件继续判断,执行<语句块 2>内部语句后跳出 if…elif…else 结构,不再往下执行。如果没有任何条件成立,执行 else 后面的<语句块 N>内部的语句。其中,else 子句是可选的。同理,if <条件>后面、elif 后面、else 后面一定要加":",<语句块>前面必须采用缩进方式,这些都是语法的一部分。

2. 流程图

多路分支结构的流程如图 5-5 所示。

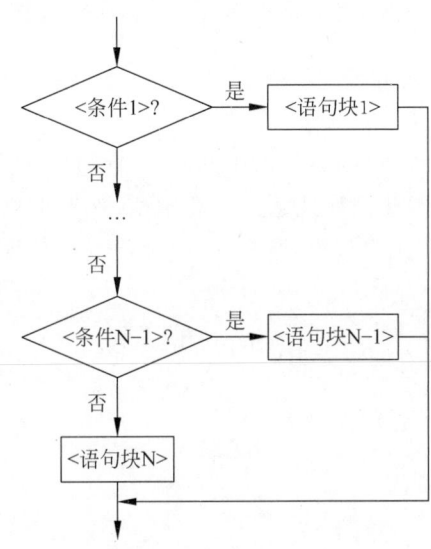

图 5-5 多路分支结构流程图

3. 多路分支应用举例

【例 5-8】 有 A、B、C 三种不同型号的包,价格分别是 450 元、360 元、300 元,请输入包的型号,输出对应的价格,如果输入的型号没有或不正确,则输出"没有您输入型号的包"。

问题分析:由于包的型号不止两种,因此利用多路分支结构进行条件判断。另外,包的型号分为 A、B、C 三种,是字符型数据,用 input()函数获得输入信息就可以直接判断。

```
x = input("请输入要查询包的型号(A—C):")
if x == 'A':
    print("该包的价格是 450 元")
elif x == "B":
    print("该包的价格是 360 元")
elif x == "C":
    print("该包的价格是 300 元")
else:
    print("没有您输入型号的包")
```

【例 5-9】 给出一个年份,判断该年份是否为闰年。如果是闰年,显示"××××年是闰年",否则显示"××××年是平年"。

问题分析:如果一个年份能被 4 整除但不能被 100 整除,或者能被 400 整除,则该年份是闰年,否则为平年。

```
year = eval(input("请您输入一个四位年份:"))
if year % 4 == 0 and year % 100 != 0:
    print("{}年是闰年".format(year))
elif year % 400 == 0:
    print("{}年是闰年".format(year))
elif year % 4 == 0 and year % 100 == 0:
    print("{}年是平年".format(year))
else:
    print("{}年是平年".format(year))
```

【例 5-10】 判断一元二次方程 $ax^2+bx+c=0(a\neq 0)$ 是否有实根,分别讨论不同情况下实根的值是多少。

问题分析:此题在第 3 章介绍 math 库中的 sqrt() 函数功能时提到过,那时由于没有学习分支语句进行条件判断,因此假设此题一定有实根,根据求根公式得到具体的两个实根值。众所周知,一元二次方程是否有根,取决于 $m=b^2-4ac$ 是否大于或等于 0,即

$$x = \begin{cases} 有唯一的一个实根, & m=0 \\ 有两个实根 \dfrac{-b\pm\sqrt{b^2-4ac}}{2a}, & m>0 \\ 无实根, & m<0 \end{cases}$$

分段讨论的代码如下。

```
import math
a = eval(input("请输入a:"))
b = eval(input("请输入b:"))
c = eval(input("请输入c:"))
m = b ** 2 - 4 * a * c
if m == 0:
    x1 = x2 = - b/(2 * a)
    print("此题有唯一实根{}".format(x1))
elif m > 0:
    x1 = ( - b + math.sqrt(m))/(2 * a)
    x2 = ( - b - math.sqrt(m))/(2 * a)
    print("此题有两个不同的实根 x1 = {},x2 = {}".format(x1,x2))
elif m < 0:
    print("此题无实根")
```

5.3 循环结构

在实际操作中,有时需要对问题的某一部分进行规律性的重复操作,为了提高代码可读性和运算效率,需要采用循环结构设计程序。相比人类而言,计算机非常擅长进行重复性操作,它用时短、效率高,充分体现了计算机卓越的计算能力。

Python 语言提供了两种循环控制结构,分别是 for 循环(又称遍历循环)和 while 循环

(又称无限循环)。

需要说明的是,如果用户想中止程序运行,如遇到死循环现象,可以使用组合键 Ctrl+C 终止程序的运行。

在使用循环结构时,经常要设置循环变量,将其作为循环计数器。在长期编程实践中,可以说有一个不成文惯例(通用做法),就是经常使用字母 i、j、k 作为循环变量。

为什么惯用这三个字母呢?原来,早先程序员编程经常用于计算数学问题,而数学中的 a,b,c,x,y,z 已经有其他用途。另外,在当时比较流行的一种语言中,i,j,k 总是整数,而不能把它设置为其他类型。由于循环计数器总是整数,因此程序员就选择 i、j、k 作为循环变量,这也成了一种通用做法。

当然,设置循环变量也可以使用其他符号,这一点没有强制要求,完全属于个人喜好。编程时是否采用通用做法,涉及编程风格问题,与程序是否能正常运行无关。如果你和其他程序员都采用相同的编程风格,你的程序就会更易于他人理解,也更易于调试,而你也更容易读懂他人编写的程序。

5.3.1 for 循环(遍历循环)

for 循环的循环次数取决于变量元素的个数,因此又叫遍历循环。遍历循环可以被理解为从遍历结构中逐一提取元素,放在循环变量中,每个变量元素都被重复执行一遍相关的<语句块>。

1. 语句结构

Python 语言通过保留字 for 实现"遍历循环",使用方法如下。

```
for <循环变量> in <遍历结构>:
    <语句块>
```

for 循环后面一定要加":",<语句块>前面必须采用缩进方式,这些都是语法的一部分。<语句块>中可以采用分支语句对条件进行判断。遍历结构可以是字符串、文件、组合数据类型或 range() 函数等,常见的方法如表 5-1 所示。

表 5-1 for 循环遍历结构使用方法

类 别	使 用 方 法
循环 N 次	for i in range(N)
遍历文件 file 中的每一行	for line in file
遍历字符串 str	for c in str
遍历列表 list	for item in list

2. 流程图

for 循环的流程图如图 5-6 所示。

3. for 循环应用举例

【例 5-11】 求 1~100 以内的偶数和。

问题分析:此题是典型的求累和问题。通常的思路是先设置一个放和的变量 s,其初值为 0,即 s=0;再设置一个用于存放加数的变量 i,此题第一个加数的初值为 1。第一步,计算 s=s+i,得到一个新的和,再指向第二个加数,第二个加数与第一个加数的关系是 i=i+2,

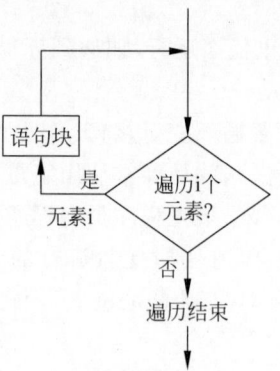

图 5-6 for 循环结构流程图

接着再重复计算 s=s+i,直到加数超过 100 循环结束。由于加数具有规律性,可用 range() 函数描述,代码如下。

```
s = 0
for i in range(1,101,2):
    s = s + i
print(s)
```

注意:此题输出结果只有一行:2500。如果将 print(s)语句以缩进形式放在<语句块> 中,则输出结果将显示 50 行,即每执行一遍循环就显示一遍结果。请读者亲自实践,认真体会不同之处。

【例 5-12】 求 10!。

问题分析:10! = 10×9×8×…×2×1,此题是典型的求累积问题。通常的思路是设置一个放乘积的变量 T,其初值为 1,即 T=1;再设置一个用于存放乘数的变量 i,此题第一个乘数的初值为 1。第一步,计算 T=T*i,得到一个新的乘积,再指向第二个乘数,第二个乘数与第一个乘数的关系是 i=i+1,接着再重复计算 T=T*i,直到乘数超过 10 循环结束。

```
T = 1
for i in range(1,11):
    T = T * i
print(T)
```

【例 5-13】 求 N!。

问题分析:此题最令人困惑的是没有指出具体是哪个数值求阶乘,通常的思路是面对不确定的数据,需要用户通过 input()函数在程序运行时指定一个数据,问题就迎刃而解了。

```
n = eval(input("请输入一个数据:"))
T = 1
for i in range(1,n + 1):
    T = T * i
```

【例 5-14】 已知某些三位数如 153 具有如下特征:$153 = 1^3 + 5^3 + 3^3 = 1 + 125 + 27$。

具有这样特征的三位数称为水仙花数。请将所有的三位水仙花数输出。

问题分析：由于水仙花是一个三位数，不妨对 $100 \sim 999$ 的每一个数进行测试，利用某种算法取出这个三位数的个位、十位、百位，看其是否符合 $153 = 1^3 + 5^3 + 3^3$ 的特征，如果符合条件就是水仙花数，并输出相关数据。

```
for i in range(100,1000):
    a = i//100
    b = i%100//10
    c = i%10
    if i == a**3 + b**3 + c**3:
        print(i)
```

运算结果有四个水仙花数，分别是：153、370、371、407。

【例 5-15】 判断某个数是否为素数。素数是指对于一个自然数，如果除了 1 和它自身不能再被其他整数整除，则该数称为素数，如 $2,3,5,7,\cdots$。

问题分析：根据素数定义，只需要测试这个数 n 是否能被 $2,3,4,5,\cdots,n-1$ 整除，只要能被其中一个数整除，则 n 就不是素数，否则就是素数。为了检测方便，可以在程序中设置一个标志量 flag，若 flag=0，则 n 不是素数；若 flag=1，则 n 是素数。

```
n = eval(input("请输入一个数:"))
flag = 1
for i in range(2,n):
    if n%i == 0:
        flag = 0
if flag == 1:
    print("{}是素数".format(n))
else:
    print("{}不是素数".format(n))
```

4. for 循环对列表类型的元素遍历方法

```
for <循环变量> in <列表变量>:
        <语句块>
```

```
ls = [12,'12',[12,'12'],12]
for i in ls:
    print(i*2)
```

运行结果如下。

```
24
1212
[12, '12', 12, '12']
24
```

5. for 循环对字典类型的元素遍历方法

for <循环变量> in <列表变量>:
  <语句块>

说明：由于"键值对"中的"键"相当于索引，因此 for 循环返回的变量名是字典中的"键"。如果需要获得"键"对应的"值"，可以在语句块中通过 get()方法获得。

```
dict = {"03101":"张三","03102":"李四","03103":"王五"}
for i in dict:
    print("输出该字典的键和值分别是:{}和{}".format(i,dict.get(i)))
```

运行结果如下。

```
输出该字典的键和值分别是:03101 和张三
输出该字典的键和值分别是:03102 和李四
输出该字典的键和值分别是:03103 和王五
```

5.3.2 while 循环（无限循环）

很多情况下，用户无法确定循环次数，因此不能采用 for 循环控制程序结构，这时可以采用 while 循环。while 循环又叫作无限循环或条件循环。无限循环是指一直保持循环操作直到循环条件不满足时才终止循环，这种循环相比 for 循环适用范围更广泛。

1. 语句结构

Python 语言通过保留字 while 实现无限循环，使用方法如下。

```
while <条件>:
    <语句块>
```

while 循环后面一定要加"："，<语句块>前面必须采用缩进方式，这些都是语法的一部分。<语句块>中可以采用分支语句对条件进行判断。

2. 流程图

while 循环流程如图 5-7 所示。

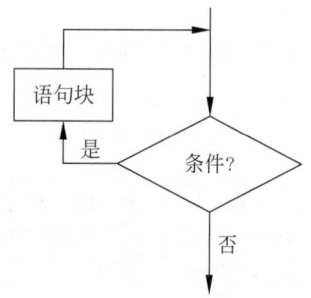

图 5-7 while 循环结构流程图

3. while 循环应用举例

【例 5-16】 输出 1～N 所有能被 3 整除的数。

问题分析：如果此题的循环次数确定当然可用 for 循环结构控制。如果用 while 循环，一定要注意无论该数能否被 3 整除，都要指向下一个数继续判断条件是否满足，直到超出 N 的范围，循环才结束。

```
N = eval(input("请您输入一个数:"))
i = 1
while i <= N:
    if i % 3 == 0:
```

```
        print(i)
        i = i + 1
    else:
        i = i + 1
```

【例 5-17】 使用 while 语句结构实现冰雹猜想。

问题分析：冰雹猜想又叫拉兹猜想或 3n+1 猜想，是指对每一个正整数而言，如果它是奇数，则对它乘 3 再加 1；如果它是偶数，则对它除以 2，如此循环，最终都能得到 1。

```
n = eval(input('请输入一个整数:'))
while n!= 1:
    if n % 2 == 0:
        n = n/2
    else:
        n = n * 3 + 1
    print(n)
```

运行结果如下。

```
请输入一个整数:10
5.0
16.0
8.0
4.0
2.0
1.0
```

【例 5-18】 假设有一个字符串 s="我爱你中国"，编程实现每输出一个字符显示"显示进行中：X"，直到字符全部输出后显示"显示结束"。

问题分析：为了判断字符串 s 是否显示结束，必须知道字符串的长度。同时还要设置一个变量 i，其初值为 0，用来对该字符串进行精准定位，同时还要判断每显示完一个字符后，i 值增 1 后与长度之间的变化关系。一旦 i 的值大于字符串的长度，循环结构终止。

```
s = "我爱你中国"
i = 0
while i < len(s):
    print("显示进行中:{}".format(s[i]))
    i = i + 1
else:
    print("显示结束")
```

运行结果如下。

```
显示进行中:我
显示进行中:爱
显示进行中:你
```

显示进行中:中
显示进行中:国
显示结束

【例 5-19】 求斐波那契数列某一项的值。斐波那契数列是指数列的第一项和第二项的值都是 1,从第三项开始数列的每个值是前两项数列的和。要求:给定一个项数 k,求该项数的值。

问题分析:此题也是一种求累和的问题,因此要设置放和的变量 s=0 及设置变量指针 i。另外还要考虑特殊情况,即 k 为 1 或 2 的情况,这时该项数的值就是 1。当 k 的值大于或等于 3 时,在循环变量 i 的值小于或等于 k 的情况下,应进行如下三步操作:第一步,求前两项数据的和;第二步,将第二项的值当作新数列的第一项的值,即 a=b;第三步,将刚求出的和当作新数列第二项的值,即 b=s。每执行一次操作,变量 i 的值增 1,同时判断 i 值是否满足循环条件,如果不满足条件,终止程序执行,输出最终结果。

```python
a = 1
b = 1
s = 0
k = eval(input("请您输入一个数:"))
if k == 1 or k == 2:
    s = 1
else:
    i = 3
    while i <= k:
        s = a + b
        a = b
        b = s
        i = i + 1
print(s)
```

【例 5-20】 输入 n 个正整数,求出其中的最大值。

问题分析:此题是典型的在众多同类数据中求最值的情况。通常的思路是假定某一个变量如 max,初始为 0,但永远放最大值,一旦输入的数据比 max 值大,则将该数据赋值给变量 max,否则 max 的值不变。此题首先要确定输入正整数个数 n 的值,每输入一个数据,n 的值减 1,直到 n=0 时循环条件不满足,终止循环。求最小值的方法同上,读者可以尝试编写相应代码。

```python
n = eval(input("请输入要输入的正整数个数:"))
max = 0
while n > 0:
    a = eval(input("请输入一个正整数:"))
    if a > max:
        max = a
    n = n - 1
print(max)
```

【例 5-21】 根据如图 5-8 所示的流程图,编程求表达式 $\dfrac{1}{2+\dfrac{1}{2+\dfrac{1}{2}}}$ 的值。(2019 年高考数学 B 卷试题)

问题分析:此题的通式与 1/2 相关,不妨将循环的初值设置为 1/2。另外,通过观察可知,类似通式在该表达式中只有两层,因此可以设置另一个变量 k=1,如果 k 的值超过 2 则将结果计算出来。具体代码如下。

```
a = 1/2
k = 1
while k <= 2:
    a = 1/(2 + a)
    k = k + 1
print(a)
```

for 循环与 while 循环小结:
(1) for 循环重点在于控制循环次数。
(2) while 循环注重循环条件,如果条件设置不当,容易形成死循环。
(3) 大多数情况下,for 循环与 while 循环可以相互转换。

5.3.3 循环嵌套结构

1. 循环嵌套结构的定义

有实际操作中,依靠单一循环结构往往无法完成相对复杂的任务,这时需要采用多种循环结构嵌套的办法解决问题。我们将一个循环体内又包含一个完整循环体的结构称为循环的嵌套。循环体从结构上分为内层循环和外层循环,内层的循环体允许嵌套循环就是多层循环。很多高级语言都具备这样的特点。

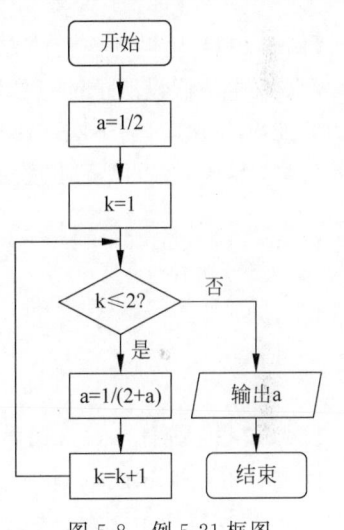

图 5-8 例 5-21 框图

上面所讲的 for 循环和 while 循环可以互相嵌套,但在使用时应注意如下问题。
(1) 外层循环和内层循环的变量不能同名,以免造成混乱。
(2) 循环嵌套的缩进要符合逻辑。
(3) 循环嵌套不能交叉,即在一个循环体内必须完整地包含另一个循环,否则视为不合法的循环嵌套。

嵌套循环执行时,先由外层循环进入内层循环,并在内层循环终止后接着执行外层循环,再由外层循环进入内层循环,当内层循环终止时,程序结束。

2. 循环嵌套应用举例

【例 5-22】 输出如下格式的九九乘法表。

```
1 * 1 = 1
1 * 2 = 2    2 * 2 = 4
1 * 3 = 3    2 * 3 = 6    3 * 3 = 9
1 * 4 = 4    2 * 4 = 8    3 * 4 = 12   4 * 4 = 16
1 * 5 = 5    2 * 5 = 10   3 * 5 = 15   4 * 5 = 20   5 * 5 = 25
1 * 6 = 6    2 * 6 = 12   3 * 6 = 18   4 * 6 = 24   5 * 6 = 30   6 * 6 = 36
1 * 7 = 7    2 * 7 = 14   3 * 7 = 21   4 * 7 = 28   5 * 7 = 35   6 * 7 = 42   7 * 7 = 49
1 * 8 = 8    2 * 8 = 16   3 * 8 = 24   4 * 8 = 32   5 * 8 = 40   6 * 8 = 48   7 * 8 = 56   8 * 8 = 64
1 * 9 = 9    2 * 9 = 18   3 * 9 = 27   4 * 9 = 36   5 * 9 = 45   6 * 9 = 54   7 * 9 = 63   8 * 9 = 72   9 * 9 = 81
```

问题分析：首先定义变量 i 控制循环层数，还需要定义变量 j 用于控制每层输出的列数，这样就构成了内、外两层循环结构体。

```
for i in range(1,10,1):                              #控制行数的变量
    for j in range(1,i+1,1):                         #控制列数的变量
        print("{} * {} = {}".format(j,i,j*i),end=" ")
    print(" ")                                       #每行末尾换行
```

【例 5-23】 用循环嵌套的方法求出所有的水仙花数。

问题分析：假设所求的三位数的百位数字是 i，十位数字是 j，个位数字是 k，根据水仙花数的特征应满足 $i^3+j^3+k^3=i\times100+j\times10+k$，这样就可以将 i、j、k 分别作为三层循环的控制变量，需要注意的是百位数字 i 不能为 0。

```
for i in range(1,10):
    for j in range(0,10):
        for k in range(0,10):
            if i**3 + j**3 + k**3 == i*100 + j*10 + k:
                print("{}{}{}".format(i,j,k))
```

【例 5-24】 统计十元人民币换成一角、五角、一元的所有兑换方案个数。

问题分析：首先定义 i，j，k 三个变量，分别代表一元、五角、一角的数量，三个变量的初值均为 0，再设置一个统计兑换方案个数的变量 s，初始值也设为 0，一旦有一种方案，其值增 1，直到循环条件不满足退出循环，s 值即为最终统计结果。

```
i,j,k = 0,0,0
s = 0
for i in range(11):
    for j in range(21):
        k = 100 - 1*i - 0.5*j
        if k >= 0:
            s = s + 1
print("兑换方案共有{}种".format(s))
```

【例 5-25】 "百文百鸡"问题。此题是我国古代数学家张丘建在一千五百多年前提出的经典数学问题，题目大意如下：公鸡 5 文钱一只，母鸡 3 文钱一只，小鸡 3 只一文钱，用 100 文钱买 100 只鸡，要求公鸡、母鸡、小鸡都必须要有，请问如何分配三种鸡的只数？

问题分析：此题用数学方法可采用列方程和比例混合法。采用程序设计方法，解决方

案也有多种。方法不同,计算量也不相同。

设置 i、j、k 三个变量,分别代表公鸡、母鸡和小鸡的数量。

方法一:假设每种鸡最多能买的只数。

i:1～20(最多买 20 只公鸡)

j:1～33(最多买 33 只母鸡)

k:1～100(最多买 100 只小鸡)

可以采用三重循环逐个测试,代码如下。

```
for i in range(1,21):
    for j in range(1,34):
        for k in range(1,101):
            if i + j + k == 100 and i * 5 + j * 3 + k/3 == 100:
                print("公鸡:{},母鸡:{},小鸡:{}".format(i,j,k))
```

运行结果如下。

```
公鸡:4,母鸡:18,小鸡:78
公鸡:8,母鸡:11,小鸡:81
公鸡:12,母鸡:4,小鸡:84
```

采用此种方法,循环体被执行了 $20 \times 33 \times 100 = 66\,000$ 次。

方法二:保证每种鸡至少买 1 只。

i:1～18(最多买 18 只公鸡)

j:1～31(最多买 31 只母鸡)

k:100−i−j(通过公鸡与母鸡的数量,小鸡数量也能被确定)

可以采用两重循环逐个测试,代码如下。

```
for i in range(1,19):
    for j in range(1,32):
        k = 100 - i - j
        if i + j + k == 100 and i * 5 + j * 3 + k/3 == 100:
            print("公鸡:{},母鸡:{},小鸡:{}".format(i,j,k))
```

采用此种方法,循环体被执行了 $18 \times 31 = 558$ 次。

方法三:列方程组。

根据题意,可列如下方程组:

$$\begin{cases} i + j + k = 100 \\ 5i + 3j + \dfrac{k}{3} = 100 \end{cases}$$

由方程组可得 $7i + 4j = 100$。由于 i 和 j 至少为 1,因此 i 最大为 13,j 最大为 23。因此对方法二进行如下改进。

```
for i in range(1,14):
    for j in range(1,24):
        k = 100 - i - j
        if i + j + k == 100 and i * 5 + j * 3 + k/3 == 100:
            print("公鸡:{},母鸡:{},小鸡:{}".format(i,j,k))
```

采用此种方法,循环体被执行了 13×23=299 次。

方法四:由方程组可知 7i+4j=100,j=(100-7j)/4。仔细观察 7i+4j=100,4j 和 100 都是 4 的倍数,因此 i 也一定是 4 的倍数,i 的取值范围为 1~13。这样,用单层循环也可以解决问题,代码如下。

```
for i in range(1,14):
    j = (100 - 7 * i)/4
    k = 100 - i - j
    if i % 4 == 0:
        print("公鸡:{},母鸡:{},小鸡:{}".format(i,j,k))
```

采用此种方法,循环体被执行了 13 次。

以上四种方法都解决了问题,但循环体被执行的次数大相径庭,执行效率也相差很多,孰优孰劣,一目了然。

5.3.4 break 和 continue 语句

一般情况下,循环结构执行到条件为假或测试数据取不到值时结束。有一种特殊情况,当遇到无穷循环即 while True,或者需要提前终止整个循环,或者提前结束本次循环,这就需要用到 break 和 continue 语句。针对无穷循环或中断正在运行的程序,可按 Ctrl+C 组合键结束运行中的程序。

1. 两者区别

break:如果有多层循环,跳出本层循环,不再判断执行循环的条件是否成立,转去执行循环代码后面的语句。

continue:用来结束当次循环,即跳出循环体下面尚未执行的语句,但不能跳出当前循环。

【例 5-26】 应用举例。

执行如下程序段,观察运行结果。

```
for i in range(1,21):
    if i % 3!= 0:
        break
    print(i,end = '')
```

运行结果如下。

```
无任何输出
```

请运行下面程序段,观察运行结果。

```
for i in range(1,21):
    if i % 3!= 0:
        continue
    print(i,end = '')
```

运行结果如下。

```
3 6 9 12 15 18
```

结果分析：当 i 等于 1 时，i%3 不等于 0，执行 break 语句跳出循环，print() 函数一次都没有被执行。而执行 continue 语句只是跳出当次循环中的 print(i,end=" ") 语句进入下一轮循环。因此，第一个程序没有任何输出，而第二个程序输出 1~20 中所有 3 的倍数：3 6 9 12 15 18。

【例 5-27】 仔细观察并解释下面两组代码的输出结果不同的原因是什么。

代码一：

```python
for m in 'python':
    if m == 't':
        continue
    print(m,end = '')
```

运行结果如下。

```
pyhon
```

代码二：

```python
for m in 'python':
    if m == 't':
        break
    print(m,end = '')
```

运行结果如下。

```
py
```

结果分析：continue 是中止本次循环，因此当条件为真时不再显示字母"t"；而 break 是中止本层循环，当条件满足时不再继续向下循环，程序结束。

2. 循环结构中的 else 语句

在 Python 语言中，else 子句可以放在 while 循环或 for 循环中使用。使用时，else 子句放在循环体下面。如果循环从正常出口即 while 语句后面的表达式为 False 或 for 语句没有可测试的对象结束退出循环的，则执行 else 子句；否则由于非正常结束，比如执行了 break 语句而提前退出循环的，则不再执行 else 子句。也就是说，continue 语句对 else 没有影响。

【例 5-28】 仔细观察以下两个例子输出的结果为何不同。

运行第一个例子：

```
for m in 'python':
    if m == 't':
        continue
    print(m, end = ' ')
else:
    print("正常退出")
```

运行结果如下。

```
p y h o n 正常退出
```

运行第二个例子:

```
for m in 'python':
    if m == 't':
        break
    print(m, end = ' ')
else:
    print("正常退出")
```

运行结果如下。

```
p y
```

运行结果分析:这两个例题都是双路分支语句,当条件满足时,由于 continue 语句对 else 没有影响,因此得出上述不同结果。

5.3.5 pass 语句

编写程序时,如果执行语句部分不需要做任何操作,可以采用 pass 语句。它是一个空语句,代表一个空操作,用于保证格式或者语义的完整性。例如下面的循环语句:

```
for i in range(6):
    pass
```

该语句会循环执行 6 次,除了循环本身之外,它什么也没有做。

【例 5-29】 逐个输出"apple"字符串中的字符。

```
for f in "apple":
    if f == 'l':
        pass
        print("this is pass block")
    print("当前显示的字符是:", f)
print("end!")
```

运行结果如下。

```
当前显示的字符是: a
当前显示的字符是: p
当前显示的字符是: p
this is pass block
当前显示的字符是: l
当前显示的字符是: e
end!
```

运行结果分析：在程序中，当遇到字母"l"时，执行 pass 语句，接着执行 print("this is pass block")语句。由此可见，pass 语句对其他语句的执行没有产生任何影响。

5.4 程序的异常处理

任何一门高级语言都需要拥有良好的异常处理功能，这会让程序更加健壮。另外，清晰的错误提示信息会帮助用户快速地修复问题。Python 语言也不例外，系统对程序的输入有一定的要求，例如，除数不能为 0 等。如果用户在输入时不满足程序要求可能会产生运行错误。

从软件角度来说，错误是指语法或逻辑上有问题。语法错误是指软件结构有问题，不能被编译器或解释器通过，这些错误必须在程序执行前纠正。逻辑错误是指输入不合法或不完整，也可能是无法生成、计算、得出相应结果，例如，访问序列下标越界，错误发生后程序无法恢复执行。

异常是指可以预见的例外情况，例如，想获得数字数据，却输入了字符串等其他数据或者说打开一个不存在的文件等。异常发生后经过妥善处理可以继续执行。表 5-2 列出了 Python 语言中常见的错误或异常。

表 5-2　Python 语言中常见的错误或异常

异常名称	错误原因描述
ZeroDivisionError	除数为 0
IOError	输入/输出操作失败
ImportError	导入模块/对象失败
IndexError	序列中没有此索引
KeyError	字典中没有此键
MemoryError	内存溢出错误
NameError	未声明变量/对象
SyntaxError	语法错误
IndentationError	缩进错误
TabError	Tab 键与空格键混用
TypeError	对类型无效的操作
ValueError	传入无效的参数

程序执行过程中遇到异常或者处理结果得不到正确的处理，将会导致程序终止运行。相反，合理利用异常处理结果往往会使得程序的稳定性、可靠性、兼容性大大提升，用户体验舒适度更强。

Python 语言中常见的异常处理方法有如下三种。

5.4.1 try…except 语句

Python 语言使用保留字 try 和 except 进行异常处理,基本语法格式如下。

1. 语法格式

```
try:
    <语句块 1>
except:
    <语句块 2>
```

<语句块 1>是正常执行的程序内容,当执行这个语句块发生异常时,执行 except 保留字后面的<语句块 2>。

2. 单个异常处理应用举例

【例 5-30】 考虑异常情况,如果用户从键盘上输入数字,输出该数字的平方值,否则提示错误信息。

```
try:
    a = eval(input('请输入一个数字:'))
    print('该数字的平方是:',a ** 2)
except:
    print("输入错误,请输入一个数字!")
```

运行结果如下。

```
请输入一个数字:5
该数字的平方是: 25
请输入一个数字:wer
输入错误,请输入一个数字!
```

【例 5-31】 考虑异常情况,编写程序从用户处获得一个浮点数的输入,如果用户输入不符合要求,则要求用户再次输入,直到满足条件为止,打印输出这个浮点数。

```
while True:
    try:
        n = input("请输入一个浮点数:")
        if type(eval(n)) == type(1.0):
            print(eval(n))
            break
    except:
        n = input("请输入一个浮点数:")
```

5.4.2 多个 except 的 try 语句

在实际编程过程中,有时同一段代码可能会出现多个异常,这就需要用户对不同的异常类型进行处理。为了支持多个异常处理的情形,Python 语言使用多个 except 语句,类似于

if…elif…else 多路分支结构,其基本语法格式如下。

1. 语法格式

```
try:
    <语句块 1>
except  <异常类型 1>:
    <异常处理语句块 1>
…
except  <异常类型 N>:
    <异常处理语句块 N>
except:
    <异常处理语句块 N+1>
else:
      <语句块>
```

<语句块 1>是正常执行的程序内容,当执行这个语句块发生异常时,依次检查各个 except 子句,将所发生的异常与 except 之后异常类型进行匹配。如果找到相匹配的错误类型,则执行相应的异常处理语句块;如果找不到,则执行最后一个 except 子句中默认异常处理语句块。需要说明的是,上述语法格式中的最后一个 except 子句和 else 子句都是可选的。

2. 多个异常处理应用举例

【例 5-32】 执行下面程序段,观察结果。

```
try:
    x = input("请输入被除数:")
    y = input("请输入除数:")
    a = int(x)/float(y) * z
except ZeroDivisionError:
    print("除数不能为 0")
except NameError:
    print("变量不存在")
else:
```

运行结果如下。

```
请输入被除数:5
请输入除数:7
变量不存在
```

再次运行程序,运行结果如下。

```
请输入被除数:6
请输入除数:0
除数不能为 0
```

5.4.3 try…except…finally 语句

Python 语言中除了 try、except 和 else 保留字外,异常处理语句还可以与 finally 保留字配合使用,语法格式如下。

1. 语法格式

```
try:
    <语句块 1>
except  <异常类型 1>:
    <异常处理语句块 2>
else:
    <语句块 3>
finally:
    <语句块 4>
```

先执行 try 中的<语句块 1>,如果能够正常执行,在执行结束后执行 finally 语句块;如果引发异常,执行 except 异常处理语句块,该语句块执行后再执行 finally 语句块。也就是说,无论是否异常,都会执行 finally 语句块。利用这一特点,用户可以把一些清理工作如关闭文件或释放内存等操作写到 finally 语句块中。

2. finally 异常处理应用举例

【例 5-33】 执行下面程序段,观察结果。

```
try:
    str = '编程中可能会遇到异常'
    i = eval(input("请输入一个整数:"))
    print(str[i])
except NameError:
    print('输入错误,请输入一个整数!')
else:
    print('没有发生异常')
finally:
    print("程序执行完毕,不知是否存在异常!")
```

运行结果如下。

```
请输入一个整数:4
能
没有发生异常
程序执行完毕,不知是否存在异常!
```

再次运行程序,结果如下。

```
请输入一个整数:t
输入错误,请输入一个整数!
程序执行完毕,不知是否存在异常!
```

5.5 random 函数库介绍

随机数在计算机应用中十分常见,Python 语言提供了 random 标准库用于产生用户所需要的各种随机数。由于它是系统标准库函数,在使用前必须采用 import 保留字进行导入,导入方法与 turtle 方法相同,这里不再赘述。

5.5.1 函数功能介绍

本节重点介绍 random 库中的 8 个常用函数,其功能如表 5-3 所示。

表 5-3　random 常用函数功能

函数名称	功能描述
seed()	初始化随机数种子,默认为系统当前时间
random()	产生一个值为[0.0,1.0)的随机小数
randint(a,b)	产生一个值为[a,b]的随机整数
randrange(初值,终值,步长=N)	产生一个值为[初值,终值),步长为 N 的随机整数
uniform(a,b)	产生一个值为[a,b]的随机小数
choice(sep)	从序列类型中(如字符串或列表)返回一个元素
shuffle(sep)	将序列类型元素随机排列,返回打乱后的序列
sample(pop,k)	从 pop 类型中随机选取 k 个元素,以列表形式返回

5.5.2 应用举例

【例 5-34】 指定随机数种子为 23,生成一个 0~1 的小数。

```
>>> from random import *
>>> seed(23)
>>> random()
0.9248652516259452
>>> random()
0.9486057779931771
>>> seed(23)
>>> random()
0.9248652516259452
```

生成随机数之前可用 seed() 函数指定随机数种子,随机数种子通常是一个整数,通过仔细观察例题发现,只要种子数相同,生成的随机序列也相同。随机数种子的这种性质可以帮助我们测试和同步数据。

【例 5-35】 随机生成 50 以内的 10 个整数,并将上述结果在一行内输出,各数据之间用空格分开。

```
from random import *
for I in range(10):
    s = randint(1,50)
    print(s,end = " ")
```

运行结果如下。

```
39  48  33  3  26  16  28  36  4  10
```

上述所讲的 7 个函数,每次只能生成一个符合条件的随机数,而此题要同时生成 10 个随机数,因此必须使用循环语句。使用 randint(a,b)函数可以完成题目要求。

【例 5-36】 随机选取 0~100 的奇数。

```
>>> randrange(1,100,2)
```

此题根据题目要求指定 randrange(初值,终值,步长＝N)中各项参数的值即可。

【例 5-37】 从字符串"helloworld"中随机选取四个字符,各字符以空格为分隔符输出。

```
from random import *
s = "helloworld"
for i in range(4):
    n = choice(s)
    print(n,end = " ")
```

【例 5-38】 随机产生 20 个长度不超过 3 位的数字,让其首尾相连以字符串形式输出,随机数种子为 45。

```
from random import *
seed(45)
s = " "
for i in range(20):
    s += str(randint(1,999))
print(s)
```

【例 5-39】 自动产生一个元素值为 0~9 的列表 ls,将这个列表中的元素随机排列后再输出,比较两个列表数据位置的异同。

```
>>> from random import *
>>> ls = list(range(10))
>>> print(ls)
[0, 1, 2, 3, 4, 5, 6, 7, 8, 9]
>>> shuffle(ls)
>>> print(ls)
[5, 2, 4, 9, 0, 8, 1, 7, 3, 6]
```

正确使用随机函数能够突破思维局限,获得超出想象、异常丰富的数据,为后续操作提供更多选择。

第 6 章　函　数

函数是一组能实现某个特定功能语句的集合,它能重复使用,功能相对独立。对用户而言,它像一个"黑盒子",无须知道函数内部是如何工作的,只须在指定的地方调用该函数,输入相关数据就能获取相关输出结果。

函数的这种特征在软件开发过程中起到非常重要的作用。例如,很多操作完全相同或极其相似,如果采用复制代码方式看似减少了工作量,提高了效率,但实际情况并非如此。由于复制的代码可能存在某些问题需要修改或调试,这就要求对所有复制的代码做出同样正确的修改,可想而知其中的工作多么庞杂而艰难。更令人沮丧的是,由于代码量巨大,代码之间关系非常复杂,在修补旧漏洞的同时又出现了新的隐患,这就使得采取代码复制方式拙劣无效。为了避免上述情况发生,同时保证相同任务无须重复编写代码,系统将反复操作的代码"封装"称为函数。用户在需要的时候通过调用该函数,就可以方便地使用,这种方式既保证了代码一致性,也实现了代码复用功能。

在软件开发过程中,将一个任务拆分成若干个小任务,每一个小任务又拆分成多个能完成某个独立功能函数的设计方法叫作模块化程序设计方法。其核心思想是采取分而治之、逐步求精的办法使得复杂问题简单化,简单问题模块化,大大减少了程序员的编码及维护工作量,从而提高了开发效率。需要注意的是,函数有利于用户实现代码复用(而不是代码复制),但是不能提高代码执行速度。

另外,在模块化程序设计中,如果两个模块之间交流很多,无法独立存在,称为紧耦合;如果两个模块之间交流很少,可以独立存在,称为松耦合。通常,函数内部为紧耦合;函数之间为松耦合。

6.1　函数的定义

Python 语言内置众多函数,每个函数都能完成特定的功能。用户不仅能够灵活地调用各种函数,也可以根据需求自行定义函数。

6.1.1　函数定义基本形式

```
def 函数名(<形式参数表>):
    函数体
        [return 表达式]
```

说明:

- 采用保留字 def 定义函数,用户自行定义函数名,不需要声明返回值类型。
- 函数名后面一定要有一对小括号,用于存放形式参数。如果没有形式参数,小括号也不能省略。
- 函数的参数不需要指定类型,其个数可以是零个,也可以是一个或更多,多个参数之间用","分隔。
- 参数括号后面的冒号":"必不可少。
- 函数体主要用来定义该函数的功能,它与 def 保留字必须保持一定的空格缩进。
- return 语句可有可无,可以在函数体任意位置出现,表示函数执行到此结束。
- 使用 return 语句结束函数执行的同时返回任意类型的值,返回值类型与 return 语句返回表达式的类型要一致。
- 如果函数没有 return 语句,函数返回值为 None;如果有 return 语句,但是 return 语句后面没有表达式,也返回 None。

6.1.2 空函数定义方法

Python 语言允许定义函数体为空的函数,形式如下。

```
>>> def a():
    pass
```

在这个函数体中,pass 语句不执行任何功能,只是用来作为占位符。在实际开发过程中,比如执行语句功能未确定,可用 pass 语句占位,或者先当作一个标志,等日后思考成熟后再用相关代码替代 pass 语句。

6.1.3 函数定义举例

【例 6-1】 定义一个名为 first 的函数,其功能是打印如下内容:"这是我的第一个自定义函数"。

```
>>> def first():         #没有参数,没有返回值
    print('这是我的第一个自定义函数')
```

【例 6-2】 定义一个函数,求三个数的平均值。

```
>>> def avg(a,b,c):       #有参数,有返回值
    d = (a+b+c)/2
    return d
```

【例 6-3】 定义一个函数,求两个数的最小值。

```
def small(x,y):
    if x < y:
        return x
    else:
        return y
```

6.2 函数的调用

函数定义后需要被调用才能令其发挥作用。

6.2.1 函数调用的一般形式

函数名([实际参数表])

说明：

- 函数被调用时传递的参数叫作实际参数，简称"实参"。实参可以是变量、常量，也可以是表达式。
- 实参个数超过一个时，各参数之间用","分隔。
- 如果是无参数函数，调用时实参不需要指定，但是"()"不能缺少。
- 实参与形参在个数、类型、顺序上必须一一对应。

6.2.2 函数调用的步骤

通常，一个函数被调用需要执行以下六个步骤。
(1) 调用程序在调用处暂停执行。
(2) 为所有形参分配内存单元，将实参传递给对应的形参。
(3) 执行函数体语句。
(4) 调用结束时给出相应的返回值。
(5) 释放形参及被调用函数中各变量所占用的内存单元。
(6) 回到调用函数前程序暂停处，继续执行后续语句。

6.2.3 函数调用举例

【例6-4】 编写函数，求前 n 个自然数的和。

```
>>> def sum(n):
    i = 1
    s = 0
    for i in range(n + 1):
        s = s + i
    return s
```

分别将实参 50 和 100 传递给形参，运行结果如下。

```
>>> sum(50)
1275                   #每次返回一个结果
>>> sum(100)
5050
```

【例6-5】 编写函数，求一个列表中的最大值和最小值。

```
>>> def zz(ls):
        max = ls[0]
        min = ls[0]
        n = len(ls)
        for i in range(n):
            if max < ls[i]:
                max = ls[i]
            if min > ls[i]:
                min = ls[i]
        return (max, min)
```

首先,给列表 ls 赋值,接下来调用该函数,运行结果如下。

```
>>> ls = [1,4,6,-4,-9,0]
>>> zz(ls)
(6, -9)                    # 如果返回多个结果,结果以元组形式存在
```

6.3 lambda 函数

lambda 函数又称匿名函数,它是一种特殊的函数,通过保留字 lambda 定义该函数。匿名函数并非没有函数名,而是将函数名作为函数结果返回。lambda 函数常用在临时需要一个类似函数功能但不想定义函数的场合。

6.3.1 lambda 函数定义方法

<函数名> = lambda <参数列表>:<表达式>

说明:

- lambda 函数只能定义能够在一行内表示的函数。
- lambda 函数表达式只可以包含一个表达式,不允许包含其他复杂的语句,但是在表达式中可以调用其他函数,表达式的运算结果相当于函数的返回值。
- 如果通过 lambda 函数仅定义一些简单的运算,建议使用系统提供的内置函数进行处理,因为内置函数的执行效果更高。

6.3.2 lambda 函数应用举例

【例 6-6】 定义一个 lambda 函数,完成两个数相乘运算。

```
>>> x = lambda a,b:a * b
>>> print(x(3,4))
12
```

【例 6-7】 可以将 lambda 函数计算后的值放在一个列表中。

```
>>> ls = [(lambda a:a ** 2),(lambda a:a ** 3),(lambda a:a ** 4)]
>>> print(ls[0](2),ls[1](3),ls[2](4))     #注意调用列表各元素的方法
4 27 256
```

6.4　函数的参数传递

函数是独立处理某种功能的程序段,在调用函数过程中经常遇到数据之间传递问题,最常见的是实参与形参之间的数据传递。根据实参传递给形参值的不同,通常有位置传递、指定参数传递、可选参数传递、名称传递4种方式。

6.4.1　位置传递方式

位置传递方式是指函数在调用时,根据参数传递的书写先后顺序为对应的形参分配内存单元,并将实参的值复制到形参,函数调用结束后,释放形参所占用的内存单元,值消失。

特点:形参与实参分别占用不同的内存单元,函数中对形参值的改变不会改变实参的值,体现了函数单向传递的规则。

【例6-8】 编写一个将两个数据交换的自定义函数,并体会参数传递特点。

```
>>> def change(x,y):
    x,y = y,x
    print(x,y)
```

直接调用该函数,运行结果如下。

```
>>> change(5,6)
6 5
```

通过运行结果分析,在调用change(x,y)时,实参5赋值给变量x,实参6赋值给变量y,在执行函数体x,y=y,x语句时将x与y的值进行交换。从运行结果可以看出,形参两个数值进行了交换而实参的值并没有进行交换。

6.4.2　指定参数传递

函数在定义时可以通过赋值语句指定某些参数的默认值,当函数被调用时,如果没有相应的实际参数赋值给相应的参数,使用默认值进行计算。

【例6-9】 定义一个函数,输入一个字符串,按指定参数值复制字符串。

```
>>> def str(a,b = 3):
    s = a * b
    print(s)
```

调用函数后,运行结果如下。

```
>>> str('a123')
a123a123a123
```

可以看到,虽然实参少指定一个参数,但系统采用已经指定的默认值 3 进行了计算,得到了相关结果的正确输出。

【例 6-10】 观察下面函数,输入三个不同的调用参数后,它们的结果是什么?

```
>>> def sum(a,b = 1,c = 2):
        return a + b + c
>>> sum(1)
>>> sum(1,1,2)
>>> sum(1,c = 2)
```

可以看到三个不同参数传递后,结果都是 4。你能说出其中的原因吗?

6.4.3 可选参数传递

函数调用时需要按顺序输入参数,有些参数的个数是确定的,有些参数的数量无法确定。系统将不确定个数的参数定义为可选参数,通过在这些参数前面加"*"来表示。需要注意的是,可选参数定义一定要在非可选参数的后面。

【例 6-11】 某个整数数列第一个数据确定,但数列长度不确定,编写函数将该数列所有数据求和。

```
>>> def sl(a, * b):
        s = 0
        s = s + a
        for i in b:
            s = s + i
        return s
```

调用该函数,输入对应的数据,运行结果如下。

```
>>> sl(5,6,3,2,1,8,9,4)
38
>>> sl(1,3,2,78,56,32)
172
```

可以看到,每次输入的参数无论是数值还是个数均不相同,但能得到相应的正确结果。

6.4.4 名称传递

有时需要传递的参数个数非常多,容易混淆,为了避免数据传递过程中出错,可以采用名称传递的方式。如果采用名称传递方式,各参数之间的顺序可以任意调整。

【例 6-12】 名称传递方式示例。

```
>>> def he(z1 = 5,,x2 = 3,y1 = 8, y2 = 7, x1 = 1):
       s = x1 + x2 + y1 + y2 + z1
       print(s)
```

调用该函数,运行结果如下。

```
>>> he()
24
```

6.5 变量的作用域

通常,一个复杂的程序包含多个自定义函数,每个函数定义的变量只能在一定范围内起作用,这种情况称为变量的作用域。不同作用域中即使两个变量的名字相同,但两者毫无任何关系,互不影响。

变量作用域分为全局变量和局部变量两种。无论是局部变量还是全局变量,其作用域都是从定义的位置开始的,在此之前定义的内容无法访问。

6.5.1 局部变量

局部变量是指在函数内部使用的变量,仅在该函数内部有效,当函数退出时变量也不再存在。

【例 6-13】 局部变量应用举例。

```
>>> def f1(x):
       s = s + x
>>> def f2(x,y):
       x, y = y, x
```

上述两个函数都有变量 x,但两个变量作用域仅在各自函数内部起作用,互不干扰。

6.5.2 全局变量

全局变量是指在所有函数定义之外定义的变量,它通常没有缩进,在程序执行过程中全程有效,可以与局部变量重名。

【例 6-14】 全局变量应用示例 1。

```
>>> a = 8              # 全局变量
>>> def f(n,m):
       a = n + m
       print("a = ",a)
>>> f(3,6)
a = 9                  # 局部变量
```

通过运行结果可以看到,在同一作用域内,局部变量会隐藏同名的全局变量。以此题变量 a 为例,两者作用域不同,值也不相同,互不影响。

如果想在函数内部使用全局变量,可以通过保留字 global 事先声明,基本格式如下。

```
global <全局变量>
```

【例 6-15】 全局变量应用示例 2。

```
>>> n = 4            #n是全局变量
>>> def s1(a,b):
    global n
    x = (a + b) * n   #使用全局变量
    return x
>>> s1(2,5)
28
```

通过运行结果可以看到,使用 global 保留字可以将 n 在函数体里设为全局变量,而且与外部的全局变量同名,但两者互不影响。

【例 6-16】 全局变量应用举例 3。

```
>>> n = 4            #n是全局变量
>>> def func(a,b):
    n = b             #n是局部变量
    return a * b
>>> m = func(2,5)
>>> print(m,n)
10 4
```

通过运行结果可以看到,调用该函数后将函数值赋值为变量 m,而 n 在函数调用后没有被赋值,调用结果后被释放。最终打印的 n 值仍然采用全局变量 n 的值作为最后输出结果。

【例 6-17】 下面的程序段演示了全局变量与局部变量的正确用法。

```
>>> def memo():
    global a          #a定义为全局变量,而且在使用a之前
    a = 8
    b = 9
    print(a,b)
>>> a = 5             #函数外部也定义了全局变量a
>>> memo()            #本次调用修改了全局变量a的值
8 9
>>> a
8
>>> b                 #局部变量在调用时不再存在,显示错误信息
Traceback (most recent call last):
  File "<pyshell #18>", line 1, in <module>
    b
NameError: name 'b' is not defined
```

6.5.3 全局变量对组合数据类型的影响

【例 6-18】 观察下面程序段,理解代码及结果的含义。

```
>>> lt = ["青菜","水果","鸡蛋","牛奶"]      # lt 是全局变量的列表
>>> def mm(x,y):
        lt.append(y)                        # 将局部变量 y 增加到全局列表 lt 中
        return x * y
>>> a = mm("早餐",3)
>>> print(a,lt)                             # 测试 lt 列表的值是否被改变
早餐早餐早餐 ['青菜', '水果', '鸡蛋', '牛奶', 3]
```

运行结果有些出乎意料,列表的内容被改变了,增加了新的元素,即变量 y 传递的数值 3,也就是说,局部变量的值改变了全局变量的值,这是什么原因呢?

对于列表等组合数据类型,由于自身拥有多个数据,它们在使用中有创建和引用的区别。只有当列表变量被"[]"赋值时,这个列表才被真实创建,否则只是对曾经创建过列表的一次引用。

在上面定义的函数 mm 中,执行 lt.append(y) 语句体需要一个真实创建的列表 lt,但是在该函数范围内的空间中找不到该列表,因此该函数向所属领域外寻找相关列表,自动关联了全局列表 lt,并对该列表进行了修改。

通过上例充分说明,针对组合数据类型,可以直接使用全局列表而不需要事先用 global 保留字声明。

【例 6-19】 观察下面程序段,理解代码及结果的含义。

```
>>> lt = ["青菜","水果","鸡蛋","牛奶"]      # lt 是全局变量的列表
>>> def mm(x,y):
        lt = []                             # 创建了名称为 lt 的局部变量的列表
        lt.append(y)                        # 将局部变量 y 增加到列表 lt 中
        return x * y,lt
>>> a = mm("早餐",3)
>>> print(a)
('早餐早餐早餐', [3])                        # 显示局部列表 lt 的信息
>>> print(lt)                               # 显示全局列表 lt 的信息
['青菜', '水果', '鸡蛋', '牛奶']
```

通过运行结果可以看出,局部变量 y 此次并没有增加到全局列表 lt 中,这又是什么原因呢?

由于在本例定义的函数中真实创建了一个名为 lt 的列表,该函数的功能只对局部创建的列表进行了追加操作,由空列表变成了拥有一个元素"3"的非空列表。因此,对于列表这样的组合类型数据而言,如果局部变量与全局变量具有相同的名字,那么该局部变量会在自己的作用域内执行相关操作。

小结:在函数体中,可以通过 global 保留字定义全局变量并改变参数的值,如果参数是列表等组合类型的数据,改变原参数的值;如果参数是整数类型数据,不改变原来参数的值。

6.6 递归函数

6.6.1 递归的概念及特点

函数可以被其他函数调用，也可以被自身调用。函数调用自身的编程技巧称为递归。递归与数学领域中被广泛应用的归纳法原理相同，即把一个复杂的问题转换为一个与原问题相似但规模较小的问题求解，这样就可以用相对较少的代码量描述出求解问题过程需要的多次重复计算，减少了代码量，增加了可读性。

需要说明的是，递归算法虽然简单、易懂、容易编写，但是执行效率低。因为程序调用自身过程中要耗费大量空间与时间，可以说绝大部分情况下，对于同一问题的求解，循环都要比递归更有效率，递归只是从形式上、逻辑上比较简单而已。需要说明的是，几乎所有的递归程序都可以有非递归编写方法。

递归使用过程中有两个关键特征，一是要有链条，二是要有基例。

链条，是指给出解题思路的通用表达式。基例，是指存在一个或多个不需要再次递归的值，否则就是无法退出的递归，不能求解。在一个复杂的计算中，基例可以是一个也可以是多个。例如，斐波那契数列中，基例就有两个：$f(n)=f(n-1)+f(n-2)$，其中，$f(1)=1$，$f(2)=1$。

对用户而言，只要找到链条及基例，递归程序基本就完成了。另外，递归本身就是一个函数，递归的实现，需要定义函数，函数部分通常由分支语句构成。

6.6.2 递归的应用举例

【例 6-20】 利用递归方法求 n!。

问题分析：$n! = n \times (n-1) \times (n-2) \times \cdots \times 1$。这个式子用简单的循环语句很容易计算出来，但仔细观察式子，可以发现 $n! = n \times (n-1)!$。这个关系表达如下。

$$n! = \begin{cases} 1, & n=0 \\ n(n-1), & n \neq 0 \end{cases}$$

在这个式子中 0!=1 被称为基例。

代码如下。

```
>>> def f(n):
    if n == 0:
        return 1
    else:
        return n * f(n-1)
a = eval(input("请输入 n 的值:"))
```

调用该函数，运行结果如下。

```
>>> print(f(10))
3628800
>>> print(f(8))
40320
```

【例 6-21】 用递归的方法求 x^n。

问题分析：$x^n = x \cdot x^{n-1}$，每次运算演变成：$x^n \to x^{n-1} \to x^{n-2} \to \cdots \to x^2 \to x^1$。

$$x^n = \begin{cases} 1, & n=0 \\ x \times x^{n-1}, & n>0 \end{cases}$$

在这个式子中，当 n=0 时，$x^0 = 1$。

代码如下。

```
>>> def mup(x,n):
        if n == 0:
            return 1
        else:
            return x * mup(x,n-1)
    x,n = eval(input("请输入 x 和 n 的值:"))
```

调用该函数，运行结果如下。

```
>>> print(mup(4,5))
1024
>>> print(mup(5,6))
15625
```

此题充分说明，采用递归方法有时编写的代码比采用非递归方法更麻烦。

【例 6-22】 用递归法求斐波那契数列的值。斐波那契数列即著名的兔子数列：1,1,2, 3,5,8,13,21,34,…。其通式是：

$$f(n) = \begin{cases} 1, & n=1 \\ 1, & n=2 \\ f(n-1)+f(n-2), & n>2 \end{cases}$$

在上述式子中，有两个基例，分别是：f(1)=1 和 f(2)=1。

代码如下。

```
>>> def func(n):
        if n == 1 or n == 2:
            return 1
        else:
            return func(n-1) + func(n-2)
```

调用该函数，运行结果如下。

```
>>> print(func(15))
610
>>> print(func(20))
6765
```

【例 6-23】 用递归法将输入的一个字符串各个字符反转输出。

问题分析：可以把输入的字符串当作一个递归对象，即每一个字符串由两部分组成：首字符和剩余的字符，将首字符与剩余字符交换，就完成了反转过程。为了保证递归的顺利进行,可以把基例设计为字符串最短的形式,即空字符串。
代码如下。

```
>>> def string(s):
    if s == "":
        return s
    else:
        return string(s[1:]) + s[0]
```

调用该函数,运行结果如下。

```
>>> print(string("红花绿叶"))
叶绿花红
>>> print(string("轻舟已过万重山"))
山重万过已舟轻
```

【例 6-24】 汉诺塔(Hanoi)问题。古代某个寺庙有一个梵塔,塔内将三个座 A、B、C。座 A 上放着 64 个大小不等的盘,其中大盘在下,小盘在上。有一个和尚想把这 64 个盘从 A 座搬到 B 座,但每次只能搬一个盘,搬动的盘只允许放在其他两个座上,且大盘不能压在小盘上,请给出解决问题的代码。

问题分析:

(1) 如果只有一个盘子,可以直接搬动,问题解决。

(2) 如果是方丈要搬这 64 个盘子,他可以命令小和尚把上面的 63 个盘子从 A 座搬到 C 座,方丈只需要把最大号盘从 A 座搬到 B 座,再命令小和尚把 63 个盘子从 C 座搬到 B 座,问题解决。

由此可见,这个方法与数学的归纳法一致,用户重点考虑的是如果能把 63 个盘子搬运成功,那么 64 个盘子的问题就迎刃而解,至于是谁来搬 63 个盘子、如何搬不在考虑范围内。只做轻松的方丈,让计算机去做小和尚。

通过上述分析,可以找到递归的两个关键点如下。

(1) 递归基例:一个盘子的解决办法。

(2) 递归链条:如何把 64 个盘子问题简化成搬动 63 个盘子的问题。

可以把递归方法归纳成以下三个步骤。

(1) n−1 个盘子从 A 座搬到 C 座。

(2) 第 n 号盘子从 A 座搬到 C 座。

(3) n−1 个盘子从 C 座搬到 B 座。

代码如下。

```
count = 0
def h(n,src,mid,dst):
    global count
    if n == 1:
        print("{}:{}->{}".format(n,src,dst))
        count += 1
    else:
```

```
            h(n-1,src,mid,dst)
            print("{}:{}->{}".format(n,src,dst))
            count += 1
            h(n-1,mid,dst,src)
h(3,"A","B","C")
print(count)
```

运行结果如下。

```
1:A->C
2:A->C
1:B->A
3:A->C
1:B->A
2:B->A
1:C->B
7
```

通过观察结果可知,三个盘需要搬动 7 次,即 n 个盘子需要搬动 2^n-1 次。当 n 为 64 时,搬动次数约为 10^{19},如果和尚们每天 24 小时不间断地搬,并假设每秒钟搬一次,大约需要 10^{11} 年,这比地球的年龄还要长。即使计算机每秒搬 10^9 次,也需要 100 年。

通过上述例题分析可以看出,在编写递归程序时只需要给出运算规律,具体实现细节由计算机去处理即可。用户千万不要钻到具体细节实现过程中去,否则会陷入实现细节的泥沼中难以理清头绪。

第 7 章　文件及数据处理

文件是指存放在外部存储介质,如光盘、硬盘、U盘上的一组相关数据信息的集合。为了区别不同的文件,需要为每个文件设置不同的标识符。标识符通常由主件名.<扩展名>组成。

广义而言,所有文件都以二进制形式存储。但是普通人是读不懂二进制数据的,因此根据文件是否具有可读性,将文件分为文本文件和二进制文件。

文本文件由人类能识别的字符串组成,具有极强的可读性,方便人们阅读、修改、显示。文本文件通常由文本编辑或文字处理软件创建,具有统一的字符编码方式,如 UTF-8。

二进制文件由信息位 0 和 1 组成,对人类而言,可读性差,没有统一的字符编码,只能将文件当作字节流处理。

7.1　文件及其操作

无论是二进制文件还是文本文件,文件操作通常遵循以下三个步骤:打开文件→处理文件→关闭文件。

7.1.1　打开文件

如果用户想使用某个文件,必须先将其打开。Python 提供内置函数 open()用于打开某个文件,格式如下。

<变量名> = open(<文件名及路径>,<打开模式>)

文件名,包括该文件的名称和具体路径。路径分为绝对路径和相对路径两种。如果在 IDLE 模式下,需要写出打开文件的绝对路径;如果在程序文件模式下,可以写出相对路径,但要将该文件放在与程序文件相同的路径中。

需要注意的是,在书写文件绝对路径时,如 D:\a\b.txt,在 Windows 操作系统中,这种书写方法没有问题,但是在 Python 语言中,反斜杠"\"表示转义符,因此不能在路径书写时使用。正确书写方法有以下几种。

- D:/a/b.txt(用"/"代替"\")
- D:\\a\\b.txt(用"\\"代替"\")
- D://a//b.txt(用"//"代替"\")

相对路径的书写,需要判断要打开的文件与程序文件具体在哪一个层级,如果两者都在 D 盘根目录下,可以写成"./a/b.txt";如果两者都在 D 盘的 a 文件夹下,可以直接写成

"b.txt"。

无论使用绝对路径还是相对路径,目的是在当前状态下找到相应打开的文件。

除了路径,还要了解open()函数的七种基本打开模式,如表7-1所示。

表7-1　打开文件的七种模式

模式名称	功　　能
'r'	只读模式,系统默认模式。如果文件不存在,返回异常FileNotFoundError
'w'	写模式。如果文件不存在则创建新文件;如果文件存在,则完全覆盖原文件
'x'	创建写模式。如果文件不存在,则创建新文件;如果文件存在,则返回异常FileExistsError
'a'	追加写模式。如果文件不存在,则创建新文件;如果文件存在,则在文件后面追加新内容
'b'	二进制文件模式,不能单独使用,需要指明是读取还是写入操作
't'	文本文件模式(系统默认模式),不能单独使用,需要指明是读取还是写入操作
'+'	与r/w/x/a一同使用,在原功能基础上增加读写功能

需要说明的是,无论使用哪种模式打开,都需要在相关字符前面加字符串界限符,英文单引号、双引号均可。

另外,'a'模式表示可以向文件追加写模式,但是不能读出原文件;而'a+'模式则表示不仅可以追加写模式,还可以读出原文件。同理,'r'模式只能读文件,但是'r+'模式就表示既能读文件也能改写文件内容。

7.1.2　关闭文件

文件使用结束后需要用close()方法关闭,用于释放文件的使用权,格式如下:

<变量名>.close()

如果用户书写的程序只有打开文件语句,没有关闭语句,则该文件一直处于打开状态。但是如果该程序能够正常结束,则该文件的使用权最终也会被释放。

7.1.3　文本文件的读取操作

文件被打开后,常见的处理方法是对该文件的信息进行读取。Python系统提供四种文件读取操作方法,如表7-2所示,无论采取哪种读取方法,都将结果放到一个变量中。

表7-2　文件四种读取方法

读取方法	功　　能
文件对象.read(size=n)	从当前位置读取直到文件末尾的全部内容。如果给出具体的size值,则读入size指定的具体字节个数
文件对象.readline()	从当前位置读取直到行尾的所有字符,包括行结束符。即每次读取一行,当前位置移到下一行。如果当前处于文件末尾,则返回空串
文件对象.readlines()	从当前位置读取直到文件末尾的所有行,并将这些行保存在一个列表变量中,每行作为列表中的一个元素。如果当前处于文件末尾,则返回空列表
文件对象.readall()	读入整个文件内容,如果文件以文本方式打开,则返回字符串;如果文件以二进制方式打开,则返回字节流

【例7-1】　f盘中有一个名为1.txt的文本文件,文件内容为"今天是2019年6月9日

星期天"。分别采用文本形式和二进制形式进行读取,观察结果是否相同。

方法一:采用文本形式,读取一行数据。

```
f = open("f:\\1.txt",'rt')        # 'rt'模式可以省略,系统默认使用该模式
print(f.readline())
f.close()
```

输出结果:今天是 2019 年 6 月 9 日星期天

注意:如果读者机器中没有安装相关汉字库,系统会给出相关问题的提示说明,解决方法如下:

```
f = open("f:\\1.txt",'rt',encoding = 'utf = 8')
```

方法二:采用二进制形式,读取一行数据。

```
f = open("f:\\1.txt",'rb')
print(f.readline())
f.close()
```

输出结果:

```
b'\xbd\xf1\xcc\xec\xca\xc72019\xc4\xea6\xd4\xc29\xc8\xd5\xd0\xc7\xc6\xda\xcc\xec'
```

可以看到,同一内容,以文本形式和二进制形式输出的结果不相同。文本形式输出的结果更有利于用户辨析、识别。

【**例 7-2**】 f 盘中有一个名为 2.txt 的文本文件,文件内容为王昌龄的一首诗《芙蓉楼送辛渐》,如图 7-1 所示。分别对该文件采取 read()和 readlines()方法,观察输出结果的不同之处。

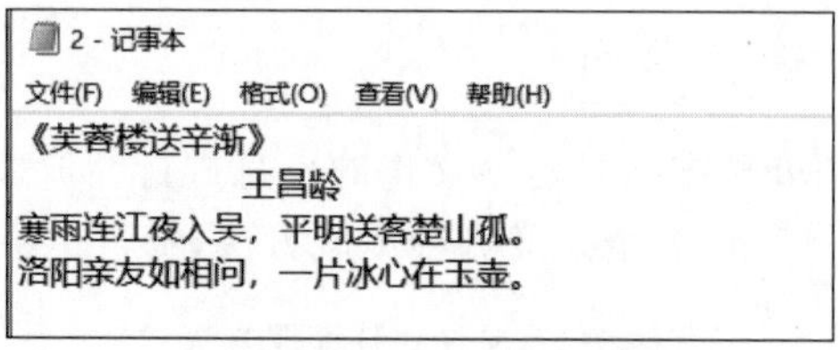

图 7-1 2.txt 文件内容

方法一:采用 read()方法,读取整篇文章。

```
f = open("f:\\2.txt",'rt')
s = f.read()
print(s)
f.close()
```

输出结果:以字符串形式输出。

《芙蓉楼送辛渐》
　　　　　　　王昌龄
寒雨连江夜入吴,平明送客楚山孤.
洛阳亲友如相问,一片冰心在玉壶.

针对一个非空文件如果连续执行两次 read()方法,第二次的返回结果为 None。

方法二:采用 readlines()方法,读取整篇文章。

```
f = open("f:\\2.txt",'rt')
ls = f.readlines()
print(ls)
f.close()
```

输出结果:以列表形式输出。

['《芙蓉楼送辛渐》\n', '　　　　　　　王昌龄\n', '寒雨连江夜入吴,平明送客楚山孤.\n', '洛阳亲友如相问,一片冰心在玉壶.']

如果用户处理一个较大的文本文件,以下三种读取方法哪个更好呢?

(1) read()方法,可以理解为一次读入,统一处理,这种方法的优点是直接有效。缺点是由于文件字节数较大,一次性读入占用更多的时间和资源,代价太大。

(2) read(n)方法,可以理解为将较大文本按指定的字节数分批读入、分批处理的方法。该方法对于处理大文件更加可行有效。

(3) readlines()方法,采取的是一次读入,分行处理的方式。即将所有信息以行的方式生成一个列表,每行是列表中的一个元素,以逐行遍历的方法处理较大的文本文件。

由此可见,三者各具特点,难分伯仲。

7.1.4　文本文件的写入操作

文本文件有三种常见写入方法,如表 7-3 所示。

表 7-3　文件的三种写入方法

写入方法	功　　能
文件对象.write(s)	在文件当前位置写入字符串
文件对象.writelines(lines)	在文件的当前位置依次写入列表中所有元素
文件对象.seek(参数=0,1,2)	改变当前文件指针的位置,0:文件开头;1:当前位置;2:文件结尾

【例 7-3】　f 盘中有一个名为 2.txt 的文本文件,向该文件增加一个列表 ls=['高适','元稹','李白','杜甫'],观察写入结果。

```
f = open("f:\\2.txt",'w+')
ls = ['高适','元稹','李白','杜甫']
f.writelines(ls)
for line in f:
    print(line)
f.close()
```

运行结果：没有任何信息输出。

为什么会出现这种情况？原来，当文件写入内容后，当前文件指针指向写入内容的后面，被写入的内容却在指针前面，因此未能被打印出来。如果在写入文件语句后面增加一条语句 f.seek(0)，就可以将文件指针返回到文件开始，即可显示写入的内容，代码如下：

```
f = open("f:\\2.txt",'w+')
ls = ['高适','元稹','李白','杜甫']
f.writelines(ls)
f.seek(0)                    #在文件写入后，指针指向文件开始位置
for line in f:
    print(line)
f.close()
```

输出结果：

高适元稹李白杜甫

可以看到，结果中的列表信息在一行显示，各个字符并没有换行，也没有任何空格。

7.2　数据及其操作

数据是信息的重要组织形式，除了单一数据类型，数据根据内在关系按照不同形式组织起来，以便计算机对其管理和控制。根据数据之间的内在关系，可以将数据分为一维数据、二维数据和高维数据。

7.2.1　一维数据及其操作

一维数据是由对等关系的有序或无序数据构成，通常采用线性方式组织。

1. 一维数据的表示

如果一维数据中的各个数据之间没有顺序之分，可以理解为 Python 语言的集合类型；如果各个数据之间有顺序之分，可以理解为 Python 语言的序列类型。

```
Ls1 = ['apple','peach','banana','pear',lemon]
Ls2 = {1,2,3,4,5}
```

由于一维数据非常常见，可以理解为能用集合或序列表示的数据都是一维数据。

2. 一维数据的存储

一维数据的存储有多种方法，常见的是采用特殊符号，如空格、逗号、换行符等分隔各个数据。

（1）用一个或多个空格分隔，例如：

李白　王维　李贺　杜牧　高适

（2）用逗号分隔，例如：

李白,王维,李贺,杜牧,高适(这里的逗号不是中文逗号，而是英文半角符号)

(3) 其他符号或符号组合分隔,例如:

李白;王维;李贺;杜牧;高适

除了上述三种常见的符号外,用户根据需要也可以采用其他分隔符,如"$""@"等。

如果数据内容与分隔符相同或部分重叠,会导致系统分不清哪些是数据哪些是分隔符,因此在使用分隔符时一定要注意区分。

3. 一维数据的读取

【例 7-4】 假设 name.txt 文件存放在 f 盘根目标下。文件内容是以"&"为分隔符的一组唐代诗人:李白 & 王维 & 李贺 & 杜牧 & 高适。将该文件中的数据内容读入,存放在一个列表中。

代码如下。

```
f = open("f:\\name.txt","r")
t1 = f.read()
ls = t1.split("&")
f.close()
print(ls)
```

该代码中的核心语句 split() 函数的功能是将字符串返回为一个列表,列表中的数据由"&"分隔的数据构成。

运行结果如下。

```
['李白', '王维', '杜牧', '李贺', '高适']
```

4. 一维数据的写入

【例 7-5】 假设有一个列表 ls1=['唐诗','宋词','元曲'],将列表内容以"%"分隔符方式写入 f 盘的 name.txt 文件中。

代码如下。

```
ls1 = ['唐诗','宋词','元曲']
f = open("f:\\name.txt",'w')
f.write('%'.join(ls1))        #采用字符串写入方式
f.close
```

代码中 join() 函数的功能是将列表 ls1 的内容以字符串形式返回,同时 ls1 列表中的各项数据以 join 前面的符号进行分隔。

7.2.2 二维数据及其操作

二维数据是由多个一维数据组成,可以看作是一维数据的组合形式,最常见的表现形式是各种各样的二维表格,如图 7-2 所示。

姓名	学号	性别	数学	语文	英语
小华	03101	女	87	93	78
国庆	03102	男	97	88	88
建国	03103	男	78	86	90

图 7-2 二维表格示例

1. 二维数据的表示

二维数据的表示通常采用二维列表，即列表的每个元素对应二维数据的一行，这个元素本身也是列表类型，其内部各元素对应这行中的各列值。

```
Stu = [
       ['姓名', '小华', '国庆', '建国'],
       ['学号', '03101', '0.102', '03103'],
       ['性别', '女', '男', '男'],
       ['数学', '87', '97', '78'],
       ['语文', '93', '88', '86'],
       ['英语', '78', '88', '90']
      ]
```

如果想遍历二维数据的每一个元素，可以采用双层 for 循环的方式。第一层 for 循环遍历列表中的每一列元素，每一列元素又是一个列表，再采用 for 循环遍历对应的每一个值。

2. 二维数据的存储

二维数据既可以按行也可以按列进行存储，具体取决于程序的需求，通常的索引习惯是先行后列获取某个想要的元素。

采用逗号分隔的存储格式被称为 CSV 格式（Comma-Separated Values，逗号分隔值），该格式的扩展名可以是.csv，也可以是任意扩展名。它可以用 Windows 等多种操作平台的记事本或微软 Excel 工具打开、另存或导出。正是由于上述特征，使得它在商业与科学上被广泛应用，是国际通用的数据分隔格式。

在使用 CSV 格式数据时，应遵循以下原则。

（1）逗号分隔符要使用英文半角标点符号。
（2）逗号与数据间没有额外的空格。
（3）纯文本格式，通过单一编码表示字符。
（4）以行为单位，开头不留空行，行之间没有空行。
（5）以逗号分隔每列数据，列数据为空也要保留空格。
（6）每行表示一维数据，多行表示二维数据。

如果 CSV 格式存储的数据中包含逗号，会与分隔符重复，系统会将这样的数据外围采用引号界限符进行分隔。

3. 二维数据的读取

【例 7-6】 假设 f 盘根目录下有一个 stu.txt 文件，内容是小华、国庆和建国三名同学的学号、性别、语文、数学及外语成绩的信息。每一项信息都为一行，一共有五行，各行的信息均用逗号作为分隔符，如图 7-3 所示。要求将 stu.txt 文件内容读入到一个列表中。

代码如下：

```
f = open("f:\\stu.txt",'r')
ls = []
for line in f:
    ls.append(line.strip('\n').split(','))
f.close()
print(ls)
```

图 7-3 stu.txt 文件信息

代码中第三及第四条语句的功能是对文件中的每一条语句进行循环遍历。首先,用 strip()函数去掉字符串的换行符;再用 split()函数将该字符串的内容返回一个列表,列表中各数据内容按逗号进行分隔。最后将该列表的数据追加到 ls 列表中。

运行结果如下。

```
>>>
[['姓名', '小华', '国庆', '建国'], ['学号', '03101', '03102', '03103'], ['性别', '女', '男', '男'],
['数学', '87', '97', '78'], ['语文', '93', '88', '86'], ['英语', '78', '88', '90']]
```

4. 二维数据的写入

【例 7-7】 有一个二维列表 ls,ls=[['科学'],['96'],['85'],['79']]。将 ls 列表中的每一个元素写入 stu.txt 文件中。

代码如下。

```
ls = [['科学'],['96'],['85'],['79']]
f = open("f:\\stu.txt",'a')
for item in ls:
    f.write(",".join(item) + "\n")
f.close()
```

运行后,打开 stu.txt 文件,结果如图 7-4 所示。

图 7-4 将数据写入文件示例

请读者思考一下,如何调整代码,让写入的结果与前 5 行的形式一致呢?

7.2.3 高维数据及其操作

1. 高维数据的概念与应用

高维数据用于展示数据间更加复杂的关系,通常用字典类型即键值对形式描述高维数据。

万维网通常采用键值对的形式表示复杂的数据组织体系,以 HTML 超链接方式展示不同数据内容,它是高维数据最典型的应用。

2. 高维数据的表示与存储

高维数据的表示与存储通常采用 JSON 格式(JavaScript Object Notation)。它是一种轻量级的数据交换格式,有助于用户阅读和理解。JSON 格式中的键值对都需要保存在双引号中,其格式如下

```
"key":"value"
```

当多个键值对放在一起时,JSON 格式有如下约定。
(1) 数据保存在键值对中。
(2) 键值对之间由逗号分隔。
(3) 大括号用于保存键值对数据组成的对象。
(4) 方括号用于保存键值对数据组成的数组。

下面以"唐朝散文大家"为例,了解 JSON 格式的表示方法。

```
"唐朝散文大家":[
            {"姓氏":"韩",
             "名字":"退之",
             "籍贯":"河北昌黎"
             "代表作品":"师说"},
            {"姓氏":"柳",
             "名字":"子厚",
             "籍贯":"河东"
             "代表作品":"捕蛇者说"}
            ]
```

这个键值对由"唐朝散文大家"与对应的内容组成。介绍的两个散文大家用逗号分隔,表示两者是对等关系。二者形成了数组,采用方括号分隔。每个散文大家是一个对象,采用大括号将相关信息组织起来,包括姓氏、名字、籍贯、代表作品。每一项都是一个键值对,对应当前散文大家的相关属性。

由此可见,如果用户想表达类似复杂的结构,JSON 格式可以提供极大的便利。

第 8 章 第三方库的概要介绍

Python 作为一门生态语言,拥有多达十多万个第三方库。强大、丰富的库函数功能让 Python 语言几乎无所不能。本章重点介绍第三方库的下载、安装及常见第三方库的使用方法。

8.1 第三方库的安装

第三方库不同于标准库,它必须安装后才能使用。正确安装后也需要使用 import 保留字导入该库。

常见安装方法有:pip 工具安装、自定义安装和文件安装,下面逐一介绍每种安装方法。

8.1.1 pip 工具安装

pip 是 Python 语言的内置命令,它在 IDLE 下不能运行,只能通过运行 cmd.exe 程序才能执行。cmd.exe 程序是一个 32 位的命令行程序,类似于微软的 DOS 操作系统,广泛存在于 Windows 操作系统中。用户可以在"搜索程序"文本框中输入"cmd"命令进入该程序,在系统提示符下输入相关命令进行各种操作及测试,如图 8-1 所示。

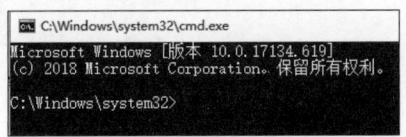

图 8-1 cmd.exe 程序界面

pip 支持一系列安装及维护子命令,包括安装(install)、下载(download)、卸载(uninstall)、查找(search)、查看(show)、显示(list)等。

1. 下载并安装第三方库

命令:

pip install <拟安装的第三方库名称>

功能:pip 工具默认从网络上下载要安装的第三方库,并自动安装到系统中。某些库下载后会显示安装进度条及剩余安装时间,如图 8-2 所示,用户需要耐心等待。如果成功安装,系统会出现"Successfully installed…"的提示信息。

图 8-2 安装 Pandas 库

2. 更新已安装的库

命令：

```
pip install -U pip
```

功能：某个第三方库文件安装后，随着时间推移，可能需要安装最新版本，很多读者认为更新第三方库用 update 子命令，这是错误的。正确的使用方法是使用 pip 命令及-U 标签(注意：大写字母 U)完成更新操作，如图 8-3 所示。

```
C:\Windows\system32>pip  install  -U pip
Requirement already up-to-date: pip in c:\users\administrator\appdata
\local\programs\python\python37-32\lib\site-packages (19.1.1)
```

图 8-3　更新成功

3. 显示已经安装的第三方库

命令：

```
pip list
```

功能：显示系统中已经安装的第三库的名称及版本并将本台机器中所有已安装第三方库的名称按英文字母先后顺序输出，如图 8-4 所示，此图只截取一部分库的名称。

```
C:\Windows\system32>pip  list
Package              Version
-------------------- -------
backcall             0.1.0
bleach               3.1.0
colorama             0.4.1
cycler               0.10.0
decorator            4.3.0
defusedxml           0.5.0
entrypoints          0.3
ipykernel            5.1.0
ipython              7.2.0
ipython-genutils     0.2.0
ipywidgets           7.4.2
jedi                 0.13.2
jieba                0.39
Jinja2               2.10
jsonschema           2.6.0
jupyter              1.0.0
jupyter-client       5.2.4
jupyter-console      6.0.0
jupyter-core         4.4.0
```

图 8-4　部分已安装第三方库

4. 卸载第三方库

命令：

```
pip uninstall <拟卸载的第三方库名称>
```

功能：卸载某个第三方库，在卸载过程中需要用户进一步确认是否卸载。

5. 下载第三方库

命令：

```
pip download <拟下载的第三方库名称>
```

功能：下载第三方库，但是并不安装。既下载又安装使用的命令是 pip　install。

6. 显示某个已安装库的信息

命令：

```
pip show <拟显示的第三方库名称>
```

功能：显示某个已安装第三方库的名称、版本号、作者、位置、作者邮箱等详细信息，如图 8-5 所示。该命令与 pip　list 显示不同，请读者注意区别。

```
C:\Windows\system32>pip show  wordcloud
Name: wordcloud
Version: 1.5.0
Summary: A little word cloud generator
Home-page: https://github.com/amueller/word_cloud
Author: Andreas Mueller
Author-email: t3kcit+wordcloud@gmail.com
License: MIT
Location: c:\users\administrator\appdata\local\programs\python
\python37-32\lib\site-packages
Requires: numpy, pillow
Required-by:
```

图 8-5　wordcloud 库信息

7. 显示 pip 常用子命令

命令：

pip -h

功能：列出 pip 常用的子命令，如图 8-6 所示。

8.1.2 自定义安装

自定义安装是指用户根据系统提示信息，按照相关操作步骤和方式根据自身需求有选择地安装第三方库资源的方法，如相关代码及文档。

自定义安装通常适合使用 pip 过程中没有登记或安装失败的第三方库。

8.1.3 文件安装

虽然 pip 是 Python 语言第三方库最主要的安装方式，适用于 90% 以上的第三方库。但是很多用户在首次安装时总是报错，有的是因为 pip 版本的问题；有的是因为运行该库所依赖文件缺失（例如，很多第三方库仅提供源代码，使用 pip 工具下载后无法在 Windows 系统编译安装）；还有的是因为操作系统方面的原因。例如，在 Mac OS X 和 Linux 等操作系统中，pip 几乎无所不能，但在 Windows 操作系统中却无法完成某些第三方库的安装。

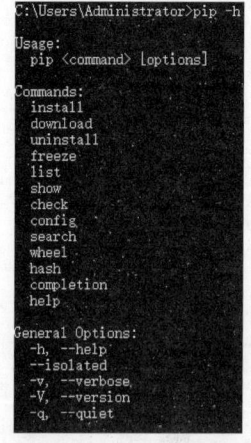

图 8-6　pip 常用子命令

为了解决上述问题，帮助用户获取可以直接安装的第三方库，用户可以访问如下网址：https://www.lfd.uci.edu/~gohlke/pythonlibs。

如果用户访问成功，页面上将列出常见的第三方库的名称，并以英文字母顺序排序。以下载 wordcloud 第三方库为例，页面显示如图 8-7 所示。

图 8-7　wordcloud 目前可供下载的版本

用户一定要下载与自己 Python 系统对应的版本，例如，作者的机器是 Intel 32 位，Python 版本号为 3.7.2，就要选择与图示一致的 wordcloud 库文件进行下载，否则无法安装成功。如果用户不知道自己机器中安装的 Python 系统的版本，可以在 cmd 命令行中输入字符"python"立刻获得版本号。

下载过程中系统要求选择下载路径，需要说明的是，尽量不要选择放在桌面上，因为桌面路径不好描述,可以选择放在 D 盘或 F 盘的根目录下面,为后续输入命令提供便利条件。

接下来,在 cmd.exe 程序中输入如下命令。

```
:\> pip install f:\ wordcloud-1.5.0-cp37-cp37m-win32.whl
…
Successfully install wordcloud-1.5.0        #安装成功后,系统自动提示信息
```

8.2 wordcloud 库介绍

wordcloud 库是一种可以生成词云图的第三方库。安装 wordcloud 库时,SciPy 库会被作为依赖库自动安装。

所谓词云是以词语为基本单位,针对文本中出现频率较高的"关键词"予以视觉化的展现,将大量低频、低质的文本信息有效过滤掉,使得浏览者只需扫描一眼就能领略文本主旨的一种呈现方式。相比传统的统计图形展示方式,词云带给人的视觉冲击力和艺术感更强烈。

生成词云时,系统默认以空格或者标点符号为分隔符对目标文本进行处理。

8.2.1 WordCloud 类方法介绍

wordcloud 库的核心是 WordCloud 类(注意:作为类名称 W 与 C 字母要大写)。wordcloud 库的所有功能都被封装在 WordCloud 类中,最常用的方法有以下两个。

(1) generate(txt):将名字为 txt 的文本生成词云。

(2) to_file(tp):将词云图保存在名为 tp 的 .png 的图片文件中。

【例 8-1】 将"I like apple,I like banana,I like peach!"这句话生成词云。

问题分析:首先,需要导入 wordcloud 库中的 WordCloud 类。接着,需要输入文本文件的内容。然后,使用 generate()方法将该文本文件生成词云,最后将词云图保存在用户定义的文件中。用户在 IDLE 下或生成代码文件方式都可以实现上述功能。

实现代码:

```
from wordcloud import WordCloud
txt = "I like apple,I like banana,I like peach!"
a = WordCloud().generate(txt)
a.to_file('b.png')
```

上述代码执行后,可以在安装 Python 系统的默认路径下寻找名为 b.png 的文件,打开该文件后,效果如图 8-8 所示。

初学者在使用词云库时容易犯以下几个错误。

(1) 代码保存的名字为 wordcloud.py(或者 jieba.py)。用户在使用第三方库编写代码时要避免程序名字与第三方库名字雷同,否则系统会给出错误信息提示。

(2) 每次运行代码后,生成的词云图片效果各不相同,感兴趣的读者可以多测试几遍。

(3) 运行程序后,需要打开 .png 文件,而不是 .py 文件,否则就不会显示相关生成词云的图片信息。

图 8-8　例 8-1 效果图

8.2.2　WordCloud 类常用参数

可以发现,每次运行例 8-1 程序生成的词云图片的背景色都是黑色,形状都是矩形。能否改变背景色及形状,让生成的词云图更个性化呢?当然可以。熟练掌握如表 8-1 所示的 WordCloud 类常用参数用法就可以迎刃而解。

表 8-1　WordCloud 类常用参数及功能

参数	功　能
font_path	指定字体文件的路径,默认为 None。msyh.ttc 表示微软雅黑,simhei.ttf 表示黑体,simsun.ttc 表示新宋体
width	生成图云图片的宽度,默认为 400px,用户可以根据需要修改
height	生成图云图片的高度,默认为 200px,用户可以根据需要修改
ranks_only	是否只用词频排序而不是实际词频统计值,默认为 False
prefer_horizontal	词语水平出现的频率,默认值为 0.9,即垂直出现的频率为 0.1
mask	词云的形状,默认值为 None,即长方形
scale	计算与绘制图像间的比例。scale 值越大,字迹越清晰,但是可能会造成词语间的粗糙拟合
font_step	字号之间的步长间隔值,默认为 1
stopwords	设置屏蔽词,屏蔽词不在词云中显示
max_words	词云中显示的最大词数,默认值为 200
max_font_size	词云中显示的最大字号,默认值为 None,如果不指定,则为图像高度
background_color	图片背景颜色,默认为黑色

如果将例 8-1 中的文本变为"I like apple,我爱吃苹果!",其他代码保持不变,最后运行的效果如何呢?如图 8-9 所示,我们看到中文字符显示成了乱码。为什么会出现这种情况呢?原因是 wordcloud 库默认只支持英文字符。

如何解决乱码问题?如何显示中文字体或改变词云背景颜色?下面这道例题将揭开谜底。

图 8-9　汉字乱码效果图

【例 8-2】　将字符串"计算机是一门重要的学科,计算机是推动社会进步的重要力量,我们要努力学好计算机!"生成一个词云,要求背景色为"黄色",显示的字体为"微软雅黑",设置画布的高与宽为 400px 和 600px。

问题分析：首先，需要导入 wordcloud 库及 WordCloud 类。接下来，将这句话赋值给某个变量。为了让生成的词云更美观，建议将这句话用逗号","分成若干个小短语，这种设置方式让生成的词云层次感更强，否则它们都在一行显示。然后，设置相关参数使其满足上述条件，各参数之间用","分开，最好每一个参数设置写一行，有利于纠错。最后，使用 generate()方法将该文本文件生成词云，并将词云图保存为用户想定义的文件。

实现代码：

```
from wordcloud import WordCloud
txt = "计算机,是一门重要的学科,计算机,是推动社会进步,\
的重要力量,我们要努力,学好计算机!"
wordcloud = WordCloud(font_path = 'msyh.ttc',
                     background_color = 'yellow',
                     width = 600,
                     height = 400,
                     ).generate(txt)
wordcloud.to_file('new.png')
```

运行后效果如图 8-10 所示。需要说明的是，同样一个字符串或同一个文本，每次生成词云图的效果各不相同，用户可以自行观察，体会不同之处。

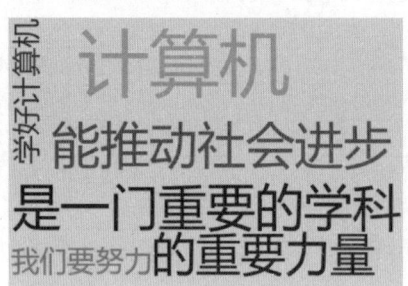

图 8-10 汉字词云显示效果

上述两道例题生成的词云图形均为系统默认的矩形，能否生成自己喜欢的图形呢？接下来的例题将提供一种常见的解决办法。

【例 8-3】 在 f 盘中有一个文本文件 skate.txt 介绍了花样滑冰相关信息。同时在 f 盘下有一个原始的图片文件 2.png，如图 8-11 所示。要求：将 skate.txt 文本内容以类似 2.png 形状输出词云图。

问题分析：生成如图 8-11 所示的形状，需要使用系统提供的 mask 参数。我们需要的是 2.png 提供的图片形状而不是色彩，因此需要调用第三方库 PIL 中的 Image 类相关功能对图片进行处理。另外，还需要调用 NumPy 库将文本文件处理成一维数组。

图 8-11 2.png

实现代码：

```
from wordcloud import WordCloud      # 导入词云库的 WordCloud 类
import PIL.Image as image             # 导入 PIL 库的 Image 类用于处理图片
import numpy as np                    # 导入 NumPy 库
```

```
with open("f:\\Skating.txt") as fp:      ＃打开 f 盘下的待处理文本 skate.txt,并起别名为 fp
    txt = fp.read()                      ＃读取文本文件
    mask = np.array(image.open("f:\\2.png"))
                                         ＃将 2.png 文件打开变成数组形式赋值给 mask 变量
    abc = WordCloud(mask = mask,         ＃设置 mask 参数的内容
                font_path = 'simsun.ttc',
                background_color = 'peachpuff',
                width = 400,
                height = 1000,
                ).generate(txt)
abc.to_file('hb.png')
```

上述代码执行后,打开默认路径下的 hb.png 文件,生成的词云效果如图 8-12 所示。

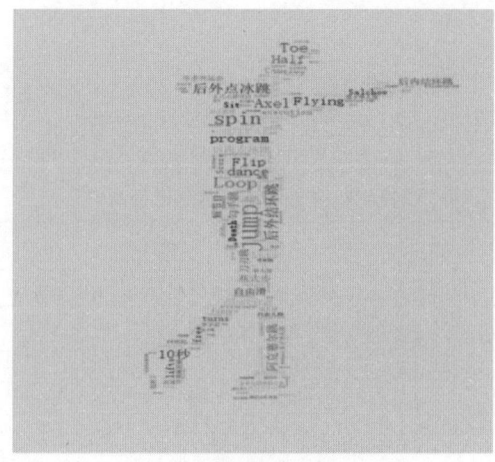

图 8-12　其他形状词云显示效果

8.3　jieba 库介绍

利用 wordcloud 库生成词云时,需要对汉字中的词或词组以手动形式进行切分,比较麻烦。如果是一段英文,如"I am a chinese,I love my country!",可以采用 split()方法切分并提取其中的单词。

```
>>> str = 'I am a chinese,I love my country!'
>>> str.split()
['I', 'am', 'a', 'chinese,I', 'love', 'my', 'country!']
```

由于中文句子不像英文句子具有天然属性自带分隔符(逗号或空格),而且针对某一个词组如"中国",既可以切分成"中"和"国",也可以切分成"中国",这样就会给人造成歧义或者产生信息冗余。

为了解决上述问题,使用 jieba 库对汉字文本进行自动切分,有助于提高用户汉字分词处理速度。

jieba 是第三方库，需要事先安装后才能使用。它的工作原理是利用一个中文词库，将待切分词的内容与分词词库进行比对，通过关键字识别技术，抽取句子中最关键的部分，确定汉字之间的关联概率，并将汉字间关联概率大的词语组成词组，形成分词结果从而达到理解句子的目的。除了分词功能，jieba 库还提供自定义中文词组的功能。

8.3.1 jieba 库分词的三种模式

jieba 库支持三种分词模式，即精确模式、全模式和搜索引擎模式。

(1) 精确模式：把每一个句子精确地切分开，不存在冗余单词，适合文本分析。

(2) 全模式：把每一个句子中所有可能形成的词语信息都扫描出来，速度非常快，可能会形成冗余信息，不能消除歧义。

(3) 搜索引擎模式：在精确模式基础上，对长词再次切分，提高召回率，适合搜索引擎分词。

8.3.2 jieba 库常用分词函数

jieba 库常用分词函数有以下 7 个，其功能描述如表 8-2 所示。

表 8-2 jieba 库常用分词函数

函 数	功 能
jieba.cut(s)	精确模式，返回一个可迭代的数据类型
jieba.cut(s,cut_all=True)	全模式，输出文本 s 中所有可能的单词
jieba.cut_for_search(s)	搜索引擎模式，适合搜索引擎建立索引的分词结果
jieba.lcut(s)	精确模式，返回一个列表类型，建议使用
jieba.lcut(s,cut_all=True)	全模式，返回一个列表类型，建议使用
jieba.lcut_for_search(s)	搜索引擎模式，返回一个列表类型，建议使用
jieba.add_word(w)	向分词词典中增加新词 w

【例 8-4】 分词函数举例及结果分析。

```
>>> import jieba
>>> jieba.lcut("中美贸易战将是一个长期、持久的过程")
['中', '美', '贸易战', '将', '是', '一个', '长期', '、', '持久', '的', '过程']
>>> jieba.lcut("中美贸易战将是一个长期、持久的过程",cut_all = True)
['中美', '贸易', '贸易战', '战将', '是', '一个', '长期', '', '', '持久', '的', '过程']
>>> jieba.lcut_for_search("中美贸易战将是一个长期、持久的过程")
['中', '美', '贸易', '贸易战', '将', '是', '一个', '长期', '、', '持久', '的', '过程']
```

输出结果分析：由于列表类型灵活且通用性强，因此选择的三个函数的返回值均为列表类型数据。函数 jieba.lcut() 返回精确模式，输出的分词完整且不冗余地组成原始文本；jieba.lcut(,True) 函数返回全模式，输出的原始文本包含可能出现的所有情况，冗余度最高；jieba.lcut_for_search() 函数返回搜索引擎模式，该模式先执行精确模式，然后对其中出现的长词进一步切分获得最终结果。

生活中，随着外来词语和网络词语的不断涌入，上述 7 个函数能够具有较高概率识别自定义的新词，如名字或缩写。对于无法识别的分词，也可以通过 jieba.add_word() 函数向分词库添加。

```
>>> jieba.lcut("蓝瘦香菇表示很难受的含义")
['蓝瘦', '香菇', '表示', '很', '难受', '的', '含义']          #将"蓝瘦香菇"拆分为两个词
>>> jieba.add_word("蓝瘦香菇")           #将"蓝瘦香菇"定义为一个新词
>>> jieba.lcut("蓝瘦香菇表示很难受的含义")
['蓝瘦香菇', '表示', '很', '难受', '的', '含义']
```

【例 8-5】 jieba 库与 wordcloud 库综合运用。选取朱自清散文《背影》片段,将文章内容进行分词统计并将结果以词云形式输出。

问题分析:由于涉及两个库,首先将 jieba 库与 wordcloud 库依次导入。其次,从网上获取《背影》片段信息以字符串形式存放在变量中。为了书写及阅读方便,可以利用"\"换行符分行。然后利用 jieba 库的 jieba.lcut()函数将文本内容进行精确分词,再用以前学过的字符串函数.join()将分词后的列表类型数据重新组合成一个新的字符串。最后,将新字符串中的文字设置为某一种中文字体,将其生成为词云,并将词云保存为图片,最终效果如图 8-13 所示。

图 8-13 《背景》片段的词云效果图

实现代码:

```
import jieba
from wordcloud import WordCloud
txt = "那年冬天,祖母死了,父亲的差使也交卸了,正是祸不单行的日子.我从北京到徐州,打算跟着
父亲奔丧回家.到徐州见着父亲,\
看见满院狼藉的东西,又想起祖母,不禁簌簌地流下眼泪.父亲说:"事已如此,不必难过,好在天无绝
人之路!"\
回情不能自已.情郁于中,自然要发之于外;家庭琐屑便往往触他之怒.他待我渐渐不同往日.但最近
两年的不见,他终于忘却我的不好,\
只是惦记着我,惦记着我的儿子.我北来后,他写了一信给我,信中说道:"我身体平安,惟膀子疼痛厉
害,举箸提笔,诸多不便,\
大约大去之期不远矣."我读到此处,在晶莹的泪光中,又看见那肥胖的、青布棉袍黑布马褂的背影.
唉!我不知何时再能与他相见!"
words = jieba.lcut(txt)
newtxt = ''.join(words)
wordcloud = WordCloud(font_path = 'msyh.ttc').generate(newtxt)
wordcloud.to_file('文字.png')
```

【例 8-6】 英文词频统计。*We are the World* 是美国著名歌手迈克尔·杰克逊为非洲难民筹集善款而创作并演唱的一首经典歌曲,获奖无数。假设这首歌的歌词放在 F 盘根目录下,名为 sing.txt。编写代码统计这首歌中出现频率最高的 10 个单词。

问题分析:首先,歌词很长,放在字符串中不方便,而放在文本文件中可以使用读文件方式方便、快捷地读出相关信息。其次,考虑到通篇歌词全部是英文,因此不需要导入 jieba 库,使用 .split() 方法就可以有效快速地切分英文字符。另外,歌词中会出现很多特殊符号或标点符号,为了便于分隔,可以事先将这些特殊符号或标点符号使用 replace() 方法替换成空格后再提取单词。还有,歌词中会出现大、小写字母不统一的现象,为了排除大小写差异对词频统计的影响,可以用 lower() 方法将字母都转换为小写。

做好上述基础工作后,接下来就要面临如何统计每一个单词的个数的问题。假设切分后每一个单词设置一个计数器,一旦出现某个单词则该单词对应的计数器值增 1,这种单词与计数器一一对应的关系可以利用字典类型的性质建立关联,有效地解决了单词计数问题。

最后,需要考虑的是对单词的统计值从高到低排序,并格式化输出。由于字典类型中的数据没有顺序可言,需要将其转换为有顺序的列表类型,再使用 sort() 方法与 lambda 函数配合使用就可以实现对相应元素进行排序操作。

以上实现过程代码如下。

```
txt = open("f:\\sing.txt","r").read()
txt = txt.lower()                        ♯将大写字母转换为小写字母
for ch in '!"                            ♯@%&*()+_,,./?<>[]{}\|~^$ ':
    txt = txt.replace(ch," ")            ♯将文本中特殊字符换成空格
words = txt.split()
counts = {}
for word in words:
    counts[word] = counts.get(word,0) + 1
items = list(counts.items())
items.sort(key = lambda x:x[1],reverse = True)
for i in range(10):
    word,count = items[i]
    print("{0:<10}{1:15}".format(word,count))
```

程序运行后排序结果如下。

```
we         29
the        28
a          26
and        24
are        22
we're      16
day        14
make       14
you        13
it         12
```

仔细观察结果,发现很多高频词大多数是代词、冠词、连接词等语法型词汇,并不能代表

歌曲真正主旨。接下来,可以采用集合类型构建一个排除词汇集合名为 paicu,以便在输出结果时排除掉这些词汇的内容。需要说明的是,界定需要排除的词汇不可能一次完成,用户可以在每次运行程序后仔细观察结果,根据需要将排除的词汇逐一增加到集合中。

更改后的代码如下。

```python
paicu = {'the','and','of','we',"we're",'you','are','just','i'\
        ,'a','my','in','it',"it's",'to','that',"there's",'so',"let's"}
txt = open("f:\\sing.txt","r").read()
txt = txt.lower()                    #将大写字母转换为小写字母
for ch in '!"#@%&*()+_,,./?<>[]{}\|~^$ ':
    txt = txt.replace(ch," ")        #将文本中特殊字符换成空格
words = txt.split()
counts = {}
for word in words:
    counts[word] = counts.get(word,0) + 1
for word in paicu:
    del (counts[word])
items = list(counts.items())
items.sort(key = lambda x:x[1], reverse = True)
for i in range(10):
    word,count = items[i]
    print("{0:<10}{1:15}".format(word,count))
```

程序运行后排序结果如下。

```
day         14
make        14
all         11
world       9
brighter    8
children    7
start       7
giving      7
lives       7
when        6
```

可以看到,重新统计的分词频率更接近歌词所要传递的内涵与思想。

【例 8-7】 中文词频统计。《关于中美经贸磋商的中方立场》是 2019 年 6 月国务院办公厅针对近期出现的中美贸易摩擦问题阐明的中方立场的重要文件。要求:针对该文本统计出现频率最高的前 10 个中文单词。

问题分析:本题与例 8-6 最大的不同之处在于该文本记录的是中文信息,因此要想有效地进行分词必须要导入 jieba 库。另一个不同之处在于分词过程中要将出现的单个字符的分词信息排除,这样才能更接近文章的主旨。

实现代码如下。

```
import jieba
f = open("f:\\中美贸易白皮书.txt","r")
txt = f.read()
f.close()
words = jieba.lcut(txt)
counts = {}
for word in words:
    if len(word) == 1:      #排除单个字符的分词结果
        continue
    else:
        counts[word] = counts.get(word,0) + 1
items = list(counts.items())
items.sort(key = lambda x:x[1],reverse = True)
for i in range(10):
    word,count = items[i]
    print("{0:<10}{1:15}".format(word,count))
```

程序运行后排序结果如下。

中国	93
美国	70
磋商	53
经贸	48
关税	42
2019	31
加征	30
经济	26
全球	25
双方	23

8.4 网络爬虫相关库概要介绍

网络爬虫又称为网页蜘蛛,可以简单地理解为在互联网上爬行的一只蜘蛛按照一定的规则在爬行过程中遇到需要的资源抓取下来的过程。至于如何抓取或抓取什么,由编写的代码进行控制。

8.4.1 爬虫分类

1. 通用爬虫

通用爬虫又称全网爬虫(scalable web crawler),爬行对象从一些种子 URL 扩充到整个 Web,主要为门户站点搜索引擎和大型 Web 服务提供商采集数据。由于商业原因,它们的技术细节很少对外公布。

通用爬虫的爬行范围和数量巨大,对爬行速度和存储空间要求较高,对爬行页面的顺序要求相对较低。由于待刷新页面太多,通常采用并行工作方式,但需要较长时间才能刷新一次页面。虽然通用爬虫存在一定缺陷,但它适用于为搜索引擎搜索广泛的主题,有较强的应用价值。

通用网络爬虫的结构大致可以分为页面爬行模块、页面分析模块、链接过滤模块、页面数据库、URL 队列、初始 URL 集合几个部分。

2. 聚焦爬虫

聚焦爬虫(focused crawler)，又称主题网络爬虫(topic crawler)，是指选择性地爬行那些预先定义好的主题相关页面的网络爬虫。与通用网络爬虫相比，聚焦爬虫只需要爬行与主题相关的页面，极大地节省了硬件和网络资源，保存的页面由于数量少而更新快，很好地满足了一些特定人群对特定领域信息的需求。

8.4.2 编写爬虫的步骤

编写爬虫有如下四个步骤。

（1）发起请求：通过 HTTP 库向目标站点发起请求，即发送一个 Request，等待服务器响应。

（2）获取服务器响应：如果服务器正常响应将得到相应的 Response。Response 内容是需要获取的页面内容，可以是 JSON 字符串、二进制数据(图片、视频)、HTML 等类型的数据。

（3）解析内容：针对 HTML 类型的数据，可以用正则表达式、页面解析库进行解析；针对 JSON 字符串，可以直接转换为 JSON 对象解析；针对二进制数据，可以保存数据或进一步处理。

（4）保存数据：将处理后数据进行保存，既可保存为文本文件，也可以放到数据库中或者按 特定格式保存。

能够实现上述操作过程离不开相关的第三方库，常见的有 requests 库和 Scrapy 库。

8.4.3 requests 库介绍

requests 库是一个功能十分强大的库，它能够满足大部分网页数据获取的需求，灵活性非常高。它最大的优点是程序编写过程更接近正常 URL 访问过程，并提供非常丰富的链接访问功能，如 HTTP 会话、HTTP 长链接及缓存、Cookie 信息、国际域名和网络地址获取、自动解压缩、自动内容解码、连接超时处理、流数据下载等。

更多关于 requests 库的介绍请访问 http://www.python-requests.org。

安装 requests 库可以在 Windows 操作系统的 cmd 命令行中输入：pip   install   requests。

8.4.4 Scrapy 库介绍

Scrapy 库是为了抓取网页数据、提取结构性数据而编写的应用框架。虽然设计初衷是为了页面抓取，但是它也可以应用在获取 API 所返回的数据或者通用的网络爬虫，甚至广泛应用在包括数据挖掘、信息处理或存储历史数据等一系列的程序中。使用 Scrapy 库能够提升爬虫的效率，具有快捷的运行速度。

Scrapy 库框架是封装的，不同于简单网络爬虫功能，该框架本身包含 request(异步调度和处理)、下载器(多线程的 downloader)、解析器(selector)、异步处理(twisted)等成熟网络爬虫系统应该具有的通用功能。而且，它是一个半成品，任何人都可以根据自身需求利用现有的框架经过简单处理与扩展实现专业的网络爬虫系统。

更多关于 Scrapy 库的介绍请访问 http://www.scrapy.org。

Scrapy 依赖的库有 lxml、parsel、w3lib、cryptography 和 pyOpenssl。使用 Windows 操作系统 cmd 命令行安装，需要先确认是否安装好以上 Python 库，再输入：pip install scrapy。

8.5 数据分析相关库概要介绍

虽然 Python 作为通用编程工具，具有简洁的语法、丰富的数据类型以及全面的标准库，但是它并不是专为数学和科学计算而设计的，难以有效地表示常用数据结构，如向量和矩阵。由于 Python 标准库也没有用于多维数据、线性工具和一般矩阵操作的工具，但在实际工作中，精通数组思维、掌握面向数组的编程功能变得非常重要。如果有上述需求，接下来介绍的涉及数据分析的第三方库的功能一定会对你有帮助。

8.5.1 NumPy 库

NumPy 库（numerical Python）是高性能计算和数据分析的基础包，它提供了许多高级编程工具，如矩阵运算、矢量处理、N 维数据变换等。由于 NumPy 是用 C 语言编写的，因此在进行数据运算时，基于 NumPy 的 Python 程序的处理速度接近 C 语言的运算速度。正是由于上述优势使得 NumPy 成为 Python 数据分析领域相关库的基础依赖库，如同科学计算方面的"标准库"。

更多关于 NumPy 库的介绍请访问 http://www.numpy.org。

安装 NumPy 库可以在 Windows 操作系统的 cmd 命令行中输入：pip install numpy。

8.5.2 Pandas 库

Pandas 库（Python data analysis library）是基于 NumPy 库功能扩展起来的用于数据分析、数据清洗等方面强大、高效、重要的第三方库。它最初是为了解决金融数据分析任务而创建的。Pandas 吸收了大量库和一些标准的数据模型，提供了高效操作大型数据集所需的工具、处理数据的函数和方法。

Pandas 库提供了三种最基本的数据类型：Series、DataFrame 和 Panel，分别代表带标签的一维数组、带标签且大小可变的二维数组（表格结构）类型、带标签且大小可变的三维数组。

更多关于 Pandas 库的介绍请访问 http://www.pandas.org。

Pandas 库依赖的库有 NumPy 和 python-dateutil。使用 Windows 操作系统 cmd 命令行安装，需要先确认是否安装好以上 Python 库，再输入：pip install pandas。

8.5.3 SciPy 库

SciPy 库是在 NumPy 库基础上专门为科学计算和工程应用设计的 Python 工具包。它包括统计、优化、整合、线性代数、常微分方程数值求解、信号处理、图像处理等众多模块。

更多关于 SciPy 库的介绍请访问 http://www.scipy.org。

使用 Windows 操作系统 cmd 命令行安装,输入:pip install scipy。

8.6 更多第三方库

8.6.1 Beautifulsoup4 库

Beautifulsoup4 也称 Beautifu Soup 或 bs4 库,是 Python 语言用于解析和处理网页文档 HTML 和 XML 的功能库模块,主要功能是从链接的网站上通过解析文档抓取网页数据。

网页文档建立的 Web 页面一般非常复杂,除了有用的内容信息外,还包括大量用于页面格式的元素,直接解析一个 Web 网页需要深入了解 HTML 语法,解析过程也非常复杂。由于 Beautifulsoup4 库提供了一些功能函数用来处理导航、搜索、修改分析树等,因此该库的最大优点是能够根据网页文档的语法建立解析树,从而高效解析其中的内容。

Beautifulsoup4 库在使用时不需要考虑编码方式,可以自动地将输入文档转换为 Unicode 编码,输出文档转换为 UTF-8 编码。

更多关于 Beautifulsoup4 库的介绍请访问 http://www.Crummy.com/software/Beautifulsoup4/。

使用 Windows 操作系统 cmd 命令行安装,输入:pip install beautifulsoup4。

8.6.2 Matplotib 库

Matplotib 库是依赖 NumPy 库进行数据绘图的第三方库,使用它可以绘制多种形式的图形,如直方图、线图、散点图、饼状图等超过数百余种数据可视化图形。Matplotlib 官方网站上提供了各种类型图的缩略图,而且每一幅都有源程序,如图 8-14 所示。

Matplotlib 的 pyplot 子库主要用于调用各种可视化效果,引用方式如下。

```
>>> import matplotlib.pyplot as plt
```

上述语句与 import matplotlib.pyplot 一致,as 保留字与 import 一起使用能够改变后续代码中库的命名空间,有助于提高代码可读性。简单地说,在后续程序中,plt 将代替 matplotlib.pyplot。

更多关于 Matplotib 库的介绍请访问 http://www.matplotib.org。

使用 Windows 操作系统 cmd 命令行安装,输入:pip install matplotib。

8.6.3 scikit-learn 库

scikit-learn 库简称 Sklearn,是 Python 重要的机器学习第三方库。

机器学习属于人工智能研究与应用的分支,是一种通过利用数据训练出模型,最后使用模型进行预测的方法。

机器学习与人类思考与推理相比有所不同。人类思考与推理是根据历史经验总结出某种规律而推导出结果,而机器学习是计算机利用已有的数据,建立数据模型,并利用此模型

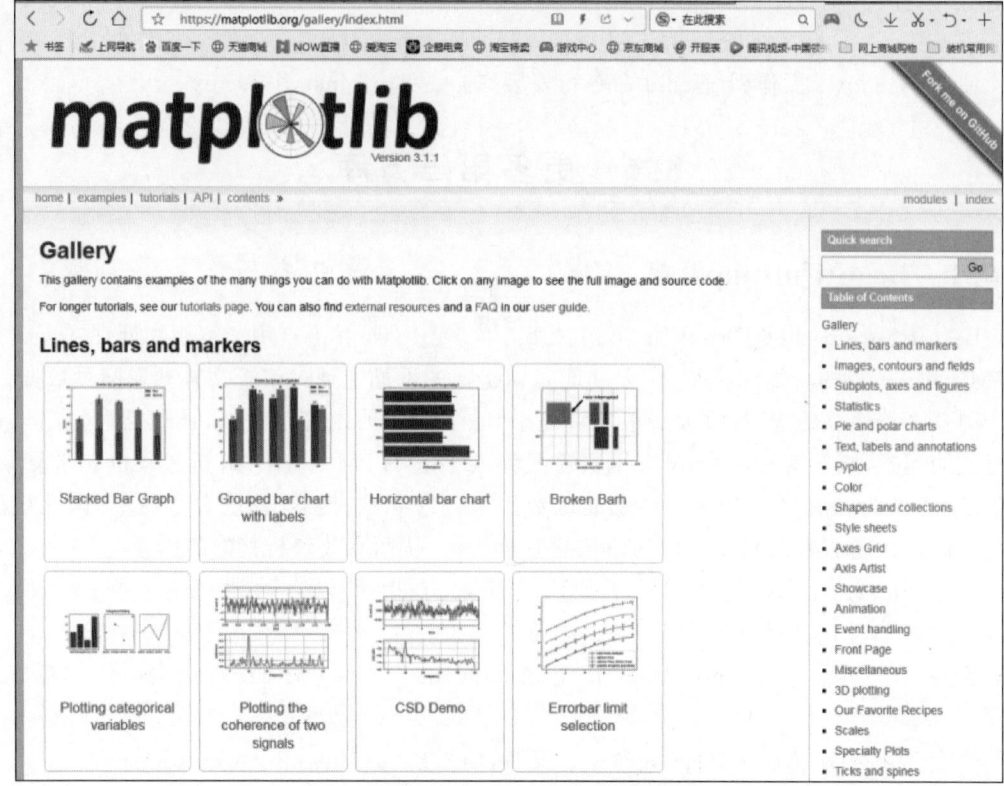

图 8-14 Matplotlib 类型图的缩略图

预测出未知结果的过程。对人类而言,从一张照片中很容易区别人与花,但机器却很难做到,机器学习的核心是统计与归纳,并具备不断改善自身对应具体任务的能力。

Sklearn 支持包括分类、回归、降维和聚类四大机器学习算法,还包括特征提取、数据处理和模型评估三大模块,应用 Sklearn 可以极大地提高机器学习的效率。

更多关于 scikit-learn 库的介绍请访问 http://www.scikit-learn.org。

使用 Windows 操作系统 cmd 命令行安装,输入:pip install scikit-learn。

8.6.4 PyInstaller 库介绍

PyInstaller 库是一个非常有用的第三方库,它能够在多种操作系统平台(Windows、Linux、Mac OS X 等)下将 Python 源文件打包成可执行文件。由于源文件被打包,即使机器中没有安装 Python 环境,也可以将源文件作为独立文件进行管理与传递。

获取 PyInstaller 库的网址是 http://www.pyinstaller.org/。

用户可以使用 pip 命令在 cmd.exe 中输入如下命令。

```
:> pip intall pyinstaller
```

1. PyInstaller 库的使用方法

假设在 D 盘根目录下有一个文件 python_test,将该文件打包成可执行文件,需要在 cmd.exe 中输入如下命令。

```
:\> pyinstaller    D:\python_test.py
```

执行命令后,将会生成 dist 和 build 两个文件夹(文件生成位置与 cmd 起始位置有关)。其中,build 目录是 PyInstaller 存储临时文件的目录,可以安全删除。最终的打包程序在 dist 内部的 python_test 文件夹下。目录中其他文件是可执行文件 python_test.exe 的动态链接库。

需要注意的是,由于 PyInstaller 库不支持源文件名中存在的英文句点"."，因此在文件路径中不允许出现空格和英文句点。另外,源文件必须是 UTF-8 编码类型,因此采用 IDLE 编写的文件都必须要保存为 UTF-8 编码形式才能正常使用。

2. PyInstaller 库参数

PyInstaller 库提供了一些参数,如表 8-3 所示,其中,-F 参数最常用。在使用过程中,只需要将 PyInstaller 的参数输入在 cmd.exe 命令行中即可。

表 8-3 PyInstaller 库的常用参数

参　　数	功　　能
-h,--help	查看帮助
-v,--version	查看 PyInstaller 版本
--clean	清理打包过程中的临时文件
-D,--onedir	默认值,生成 dist 目录
-F,--onefile	在 dist 文件夹中只生成独立的打包文件
-p Dir,--paths DIR	添加 Python 文件使用的第三方库路径
-i,--icon	指定打包程序使用的图标文件(icon)

【例 8-8】 一个名为 python_test.py 的源文件放在 D 盘中,将其打包成一个可执行的文件存在 dist 文件夹中。

```
:\> pyinstaller    -F    D:\python_test.py
```

【例 8-9】 给定一个源文件 abc.py 和一个图标文件 py.ico,将这两个文件进行打包,生成一个可执行文件。

```
:\> pyinstaller -i py.ico -F abc.py
```

对于包含第三方库的源文件,可以使用-p 添加第三方库所在路径。如果第三方库由 pip 安装并且在 Python 环境目录中,则不需要-p 参数。

8.6.5　PIL 库介绍

PIL(Python image library)是 Python 语言的第三方库。该库主要支持图片、图像的处理功能,如存储、显示、缩放、叠加、剪裁、添加线条和文字等操作。最重要的操作可以归纳为以下两方面。

(1) 图像归档:对图像进行批处理、生成图像预览、图像格式转换等。
(2) 图像处理:图像基本处理、像素处理、颜色处理等。

PIL 库共包括 21 个与图片相关的类,这些类可以看作是子库或 PIL 库中的模块。其中最重要的类是 Image 类,它代表一张图片,处理前需要用 import 导入。

更多关于 PIL 库的介绍请访问 http://effbot.org/imagingbook/。

使用 Windows 操作系统 cmd 命令行安装,输入:pip install pil。

8.6.6 其他第三方库概要介绍

Python 第三方库多达十万多个,上述介绍的内容只是冰山一角,为了让读者更好地了解不同处理方向常见的第三方库名称及功能,请参考表 8-4 内容。

表 8-4 其他第三方库概要介绍

库名称	库功能或处理方向	访问地址
pdfminer	文本处理方向,可从 PDF 文档中提取、分析、处理各类信息,并将 PDF 文件转换为 HTML 或文本格式,它包含 pdf2txt.py 和 dumppdf.py 两个重要的工具	https://euske.github.io/pdfminer/
openpyxl	专门处理微软 Excel 文档中工作表、表单和数据单元的第三方库	http://openpyxl.readthedocs.io/
Python-docx	专门处理微软 Word 文档,支持 doc、docx 等格式文件,可对 Word 常见样式进行设置,如字符、段落、表格	https://pypi.org/pypi/python-docx
PyQt5	用户图形界面方向,是最为成熟的商业级 GUI 库,采用信号-槽机制进行程序处理	https://www.riverbankcomputing/software/pyqt/
wxPython	跨平台 GUI 的封装库,方便程序员轻松创建功能强大的图形用户界面程序	https://www.wxpython.org
PyGTK	具有跨平台性,提供各式可视元素和功能,能够轻松创建具有图形用户界面的程序并不加修改地应用在各操作系统中	http://www.pygtk.org
TVTK	专业可编程的三维可视化工具,等同于 VTK,两者均为开源、跨平台、支持平行处理的图形应用函数库	TVTK 不能使用 pip 命令安装,要用文件安装 http://docs.enthought.com/mayavi/tvtk/
TensorFlow	提供从语音识别或图像识别到机器翻译或自主跟踪等,既可运行在数万台服务器的数据中心,也可以运行在智能手机中	http://www.tensorflow.org/
Theano	偏向底层开发的库,执行深度学习中大规模神经网络算法,擅长处理多维数组	http://deeplearning.net/software/theano/
Pygame	制作游戏和多媒体应用程序,提供大量与游戏相关的底层逻辑和功能支持	http://www.pygame.org
Panda3D	支持 Python 和 C++ 两种语言,对 Python 支持更全面。是一个开源、跨平台的 3D 渲染和游戏开发库	http://www.panda3d.org
SymPy	支持符号计算的第三方库,是全功能的计算机代数系统,包括微积分、离散数学、物理学、概率与统计、几何学等众多领域	http://www.sympy.org

续表

库名称	库功能或处理方向	访问地址
MyQR	用于生成各类动态或艺术二维码的库	https://github.com/sylnsfar/qrcode
NLTK	自然语言处理方向的库，支持中文，可进行文本统计、情感分析、内容理解等应用	http://www.nltk.org
WeRoBot	针对微信公众号开发框架，也称微信机器人框架。可以解析微信服务器发来的信息，并将消息转换成 Message 或者 Event 类型	http://werobot.readthedocs.io
Django	属于 Web 开发方向的库。它采用模型、模板和视力的编写模式，称为 MTV 模式。其开发理念是 DRY	http://www.djangoproject.com/
Pyramid	通用开源 Web 开发框架，相比 Django，它更小巧、快速、更关注灵活性	http://trypyramid.com
Flask	轻量级的 Web 开发框架。应用简单，可能几行代码就能建立一个网站，核心简单	http://flask.pocoo.org
Cocos2d	用于构建 2D 游戏和图形界面交互式应用框架，引用树形结构来管理游戏对象，每个游戏划分不同场景、不同层，通过层来处理并响应用户事件	http://python.coco2d.org/

  本章介绍了三十多个适用于不同应用领域、不同研究方向的第三方库，帮助读者更好地理解 Python 作为生态语言的特点，掌握人工智能时代所需要的程序设计能力。

第 2 部分

习 题

第1章 习题

一、选择题

1. Python 语言的发明者是(　　)。
   A. Dennis Ritchie　　　　　　　　B. Linus Benedict Torvalds
   C. Guido van Rossum　　　　　　 D. Tim Peters
2. Python 单词的中文意思是(　　)。
   A. 喵星人　　　　B. 蟒蛇　　　　C. 石头　　　　D. 袋鼠
3. 关于 Python 语言的特点,描述错误的是(　　)。
   A. Python 语言是脚本语言
   B. Python 语言是跨平台语言
   C. Python 语言是编译语言
   D. Python 语言是开源语言
4. Python 语言被称作计算生态语言,目前第三方提供的可用编程模块、函数库、组件规模有(　　)。
   A. 几百个　　　　B. 几千个　　　　C. 几万个　　　　D. 十几万个
5. Python 语言适合(　　)领域的计算问题。
   A. 数据处理和文本挖掘　　　　　　B. 工程建模和人工智能
   C. 创意绘图和随机艺术　　　　　　D. 以上都正确
6. 关于 Python 语言和人工智能之间的关系,描述不正确的是(　　)。
   A. Python 是支持"人工智能应用"的主流语言
   B. 人工智能(机器学习和深度学习)逻辑框架基本都采用 Python 语言开发
   C. 掌握"人工智能应用"能力,必须学习并掌握 Python 语言
   D. 人工智能算法在计算机底层的并行和加速都采用 Python 语言实现
7. 以下选项中静态语言是(　　)。
   A. Java 语言　　B. JavaScript 语言　　C. Python 语言　　D. PHP 语言
8. Python 语言是(　　)类型编程语言。
   A. 机器　　　　B. 解释　　　　C. 编译　　　　D. 汇编
9. Python 语言采用 IDLE 进行交互式编程,其中">>>"符号的含义是(　　)。
   A. 运算操作符　　B. 程序控制符　　C. 命令提示符　　D. 文件输入符
10. 以下描述错误的是(　　)。
    A. 计算机能够辅助解决数学公式求解计算问题
    B. 计算机能够解决所有问题,包括逻辑推理和计算

C. 计算机能够解决问题的计算部分

D. 计算机无法超越人类的智慧

二、判断题

1. 高级语言的执行效率一定比汇编语言执行效率高。

2. 针对高级语言的源程序进行翻译,无论采用解释方式还是编译方式都能生成可执行文件。

3. Python 语言允许人们在 IDLE 操作环境中运行代码,也可以将代码存储成以.py 为扩展名的文件形式执行。

4. Python 3.X 系列软件向下兼容 Python 2.X 系列软件。

5. HTML 又称超文本链接,用途非常广泛,因此被称作通用性语言。

6. 利用 Python 语言可以编写多种类型的程序,应用领域非常广泛,因此被称为通用性语言。

7. 人类即将全面进入人工智能时代,各种类型丰富、功能齐全的计算机将完全替代人类工作。

8. C 语言和 Python 语言都是静态语言。

9. Python 语言只能在 IDEL 操作环境中运行。

10. Java 语言和 JavaScript 语言都是脚本语言。

11. Pythonic 是一个术语,是指编程风格像 Python 语言一样优美、简洁。

12. 命令法和文件法作为不同的运行方式,由于运行结果都一样,两者没有区别。

13. 在 IDLE 操作环境中,字符的显示颜色可能会有不同。

14. C 语言和 Python 语言均采用编译方式执行程序。

15. PHP 语言采用解释方式执行程序。

三、填空题

1. 计算机的高级语言分为专用型和_____型语言。HTML 是_____型语言,Python 语言是_____型语言。

2. Python 语言的运行方式有_____式和_____式两种。

3. 高级语言根据执行机制的不同,分为_____语言和脚本语言。脚本语言采用_____方式执行程序。

4. Java 是静态语言,Python 是_____语言。

5. Python 语言内置集成开发工具是_____。

6. Python 语言 3.X 系列_____兼容 2.X 系列。(能/不能)

7. 在 IDLE 操作环境中,按_____键可以执行 Python 程序。

8. C 语言采用_____方式执行程序,而 JavaScript 语言采用_____方式执行程序。

9. Python 语言其解释器的全部代码在特定许可协议范围内可以被任何人学习、修改甚至发布,因此它是_____软件代表。

10. Python 软件基金会简称_____,作为一个非营利组织,拥有 Python 2.1 版本之后的所有版权,用于保护 Python 语言的开放性。

第 2 章 习　题

一、选择题

1. 不是 Python 语言关键字的是(　　)。
   A. for   B. elif   C. continue   D. type
2. 以下语句不合法的是(　　)。
   A. a,b=b,a   B. a=b=4   C. a=(b=4)   D. a=4；b=4
3. 以下关于 Python 语言变量的描述,正确的是(　　)。
   A. 变量可以随时命名、随时赋值、随时改变类型
   B. 变量可以直接使用,无须提前命名
   C. in 可以当作一个变量名
   D. 666 可以当作一个变量名
4. 以下不符合 Python 语言命名规则的是(　　)。
   A. apple_12   B. apple12_   C. 12_apple   D. _12apple
5. 关于 Python 语句 a=－a,以下描述正确的是(　　)。
   A. a=0   B. a 等于它的相反数
   C. a 等于它的绝对值   D. 给 a 赋值为它的相反数
6. Python 语言中,用于获取用户输入信息的函数是(　　)。
   A. get()   B. input()   C. print()   D. eval()
7. 用一个赋值命令给多个变量赋值,各变量之间用(　　)分隔。
   A. 分号   B. 逗号   C. 冒号   D. 小数点
8. 以下赋值语句合法的是(　　)。
   A. x＝4,y＝8   B. x＝y＝8   C. x＝4 y＝8   D. x＝(y＝3)
9. Pyhton 3.×系列版本中的关键字共有(　　)个。
   A. 33   B. 27   C. 16   D. 29
10. 不是 Python 语言关键字的是(　　)。
    A. while   B. except   C. do   D. pass
11. 不能表示分支结构的是(　　)。
    A. if   B. elif   C. else   D. except
12. 给标识符关联名字的过程叫作(　　)。
    A. 生成语句   B. 表达方式   C. 命名   D. 赋值
13. 以下描述错误的是(　　)。
    A. 判断、循环等语法形式,能够通过缩进包含一批代码,进而表达对应的语义

B. Python 语言的缩进可以采用 Tab 键实现

C. Python 语言同许多其他高级语言类似，不需要采用严格的缩进表明程序的格式框架

D. Python 语言的缩进可以通过四个空格实现

14. 关于 eval() 函数，以下描述错误的是(　　)。

    A. 该函数的作用是将输入的字符串转换为 Python 语句，并执行该语句

    B. 如果用户希望输入一个数字，并进行计算，可以采用 eval(input(提示符)) 方法

    C. 该函数参数的数据都是字符型，但输出结果不一定是字符型数据

    D. eval('fghj') 和 eval("'fghj'") 得到的输出结果一样

15. 关于 Python 语言的注释，以下描述错误的是(　　)。

    A. Python 语言有单行注释和多行注释两种

    B. 注释可以在一行中任意位置通过"#"对该语句进行注释

    C. 单行注释以单引号"'"开头

    D. 多行注释以三个单引号"'''"开头和结尾

16. 关于 import 关键字的功能，以下描述错误的是(　　)。

    A. 该关键字用于导入模块或者模块中的对象

    B. 使用 import turtle 可以将 turtle 函数库导入

    C. 使用 from turtle import setup 语句能够导入 turtle 函数库

    D. 使用 import turtle as t 可以将 turtle 函数库导入，取名为 t

17. 下列语句执行后的结果是(　　)。

```
>>> x = 13.24
>>> eval('x + 10')
```

　　A. 13.24　　　　　　　　　　　　B. 23.24

　　C. x+10　　　　　　　　　　　　D. 系统提示错误信息

18. 以下不属于 IPO 模式一部分的是(　　)。

    A. input　　　　B. output　　　　C. process　　　　D. program

19. 关于 Python 语言的缩进结构，描述正确的是(　　)。

    A. 缩进统一为四个空格

    B. 如果所写代码的可读性很强，不需要强制性缩进

    C. 缩进在程序中长度统一且强制使用

    D. 缩进可以在任何语句之后，表示语句间的包含关系

20. 关于 Python 语言的注释结构，描述错误的是(　　)。

    A. 注释语句不能被解释器过滤掉，也不被执行

    B. 注释可以用于标明作者和版权信息

    C. 注释可以用于解释代码原理或者用途

    D. 注释可以辅助程序调试

21. 以下语句不能正确引用 turtle 库，进而使用 setup() 函数的是(　　)。

    A. from turtle import *　　　　　　B. import turtle

    C. import turtle as t　　　　　　　D. import setup from turtle

22. 关于turtle库描述错误的是( )。
    A. turtle库是一个直观有趣的图形绘制函数库
    B. turtle库最早成功应用于LOGO编程语言
    C. turtle坐标系的原点默认在屏幕左上角
    D. turtle绘图体系以水平右侧为绝对方位的0°
23. 执行下列代码后,描述错误的是( )。

```
>>> turtle.setup(650,350,200,200)
```

    A. 建立了一个宽650px、高350px的窗体
    B. 窗体中心在屏幕中的坐标值是(200,200)
    C. 窗体顶部与屏幕顶部的距离是200px
    D. 窗体左侧与屏幕左侧的距离是200px
24. turtle绘图中角度坐标系的绝对0°方向在( )。
    A. 画布正右方   B. 画布正左方   C. 画布正上方   D. 画布正下方
25. 下列代码的输出结果是( )。

```
>>> turtle.circle(-90,90)
```

    A. 绘制一个半径为90px的整圆形
    B. 绘制一个半径为90px的弧形,圆心在小海龟当前行进的右侧
    C. 绘制一个半径为90px的弧形,圆心在小海龟当前行进的左侧
    D. 绘制一个半径为90px的弧形,圆心在画布正中心
26. 关于turtle库函数的描述错误的是( )。
    A. turtle.penup()的别名有turtle.pu(),turtle.up()
    B. turtle.pendown()的作用是落下画笔,并移动画笔绘制一个点
    C. turtle.width()和turtel.pensize()都可以用来设置画笔尺寸
    D. turtle.colormode()的作用是设置画笔RGB的表示模式
27. 修改turtle画笔颜色的函数是( )。
    A. pencolor()   B. seth()   C. pensize()   D. colormode()
28. 不能改变turtle画笔运行方向的是( )。
    A. left()   B. seth()   C. right()   D. bk()
29. 在turtle库中颜色值表示错误的是( )。
    A. ("red")   B. (123,123,123)   C. ("#BEBEBE")   D. ("BEBEBE")
30. 以下语句能够使用turtle库绘制一个半圆形的是( )。
    A. turtle.fd(100)   B. turtle.circle(100,-180)
    C. turtle.circle(100,90)   D. turtle.circle(100)
31. 在IDLE操作环境中一级缩进的空格数是( )。
    A. 4   B. 3   C. 2   D. 1
32. 以下不是Python语言注释符号的是( )。
    A. #   B. //   C. '''   D. """
33. Python语言中试图改变字符串的值会引发( )异常。

A. TypeError B. SyntaxError
C. NameError D. AttributeError

34. Python语言中变量或函数没定义就使用,或者变量名或函数名拼写错误都会导致( )异常。

A. TypeError B. SyntaxError C. NameError D. AttributeError

35. Python程序保存时扩展名是( )。

A. cpp B. C C. java D. py

二、上机操作题

1. 采用两种不同方法将两个变量的值进行交换。
2. 打印如下图形:

```
************
How are you?
************
```

提示:可使用\n换行符。

3. 创建一个程序文件,其功能是输出"世界,你好!"这句话。体会在程序中输出语句与在 IDLE 操作环境中输出语句在操作方面的不同之处。

4. 请使用 turtle 库的 fd() 函数,绘制一条直线。直线属性请自行设置。

5. 请使用 turtle 库的 circle() 函数,绘制一个完整的圆、一个半圆、一段 90°的圆弧。圆及弧的属性自定义。

6. 请使用 turtle 库函数,绘制一个包含 4 个同心圆的靶盘。

7. 请使用 turtle 库函数,绘制一个等边三角形,如图题 2-1 所示。

8. 请使用 turtle 库函数绘制如图题 2-2 所示的直角三角形,该三角形底边长为 80,斜边长为 160,底角为 60°,线条粗 6px,线条颜色为蓝色,填充颜色为红色。

图题 2-1 等边三角形绘制效果图

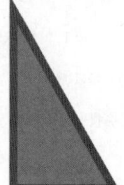
图题 2-2 直角三角形绘制效果图

9. 请使用 turtle 库函数,绘制一个如图题 2-3 所示的红色五角星。

10. 请使用 turtle 库函数,绘制一个如图题 2-4 所示的无角正方形。

图题 2-3 红五角星绘制效果

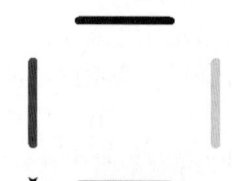
图题 2-4 无角正方形绘制效果

三、判断题

1. 可以将某些语句加上注释,让它不被执行,这样可以辅助程序调试。

2. turtle.circle(100,step=5)的作用是绘制一个半径为 100px 的圆,分 5 次画完。

3. turtle 绘图体系以正西方向为绝对 0°。

4. 设置 turtle 窗体大小的函数是 turtle.setup()。

5. turtle.pendown()的作用是抬起画笔,并不完成任何绘图操作。

6. turtle.seth()与 turtle.right()函数功能一样,都是让小海龟改变前进方向为绝对方向的角度值。

7. turtle.circle(radius)中,radius 表示弧形半径,其值为正数时,半径在小海龟右侧。

8. yield 是 Python 语言的保留字之一。

9. global 是 Python 语言的保留字之一。

10. True 和 False 均为 Python 语言的保留字,它们表示逻辑真及逻辑假。

11. Python 语言有 33 个保留字,这些保留字不区分大小写。给变量命名时不能使用保留字。

12. x,y=y,x 在 Python 语言中被称为同步赋值,这种赋值方式通过减少变量的使用,简化了语句表达,增加了程序的可读性,是该语言风格的特点之一。

13. IPO 编程方法是几代人的宝贵经验总结,用户在编写程序时必须遵循其方法。

14. 编程中对各种问题的处理方法称为"算法",它是程序的灵魂。

15. 计算机的数据输入包括控制台、交互界面、声音、文件、网络、随机数等多种方式。

16. 计算机数据的输出包括控制台、网络、文件、图形、操作系统内部变量等多种输出方式。

17. 使用 input()函数时,无论用户输入字符还是数字类型数据,该函数均按字符型数据输出结果。

18. 可以按 Tab 键,也可以按四次空格键实现缩进,两者可以相互替代。

19. Python 语言采取强制缩进方式表示语句之间的从属关系。

20. 由于注释语句不被系统执行,对用户而言没有太多实质意义,为节省空间,可以不写。

第 3 章　习　题

一、选择题

1. print(pow(2,10))的输出结果是(　　)。
   A. 100　　　　　　B. 12　　　　　　C. 20　　　　　　D. 1024
2. print(0x1101)的输出结果是(　　)。
   A. 13　　　　　　B. 4353　　　　　C. 584　　　　　 D. 1101
3. 下面代码执行后的输出结果是(　　)。

```
>>> a = 21
>>> b = -5+3j
>>> print(a + b)
```

   A. 16　　　　　　B. 3j　　　　　　C. (16+3j)　　　 D. 16+3j
4. 关于 Python 语言浮点数类型，以下描述错误的是(　　)。
   A. 浮点数类型与数学中的实数类型一致，表示带有小数的数值
   B. Python 语言中的浮点数可以根据需要不带小数部分也能被正确识别
   C. 浮点数有十进制和科学记数法两种表示方法
   D. 浮点数之间相互运算，其结果也是浮点数
5. 关于 Python 语言复数类型，以下描述错误的是(　　)。
   A. 复数类型表示数学中的复数
   B. 复数中的虚数部分通过后缀 j 或者 J 表示
   C. 对于复数 a，可以用 a.real 获得它的实数部分
   D. 对于复数 a，可以用 a.imag 获得它的实数部分
6. print(20/8,20//8)的输出结果是(　　)。
   A. 2　2.5　　　　B. 2.5　2　　　　C. 2　2　　　　　D. 2.5　2.5
7. 下面代码执行后的输出结果是(　　)。

```
X = 47.12345
Print(round(x,2),round(x))
```

   A. 94　47.12345　B. 47.12　47　　C. 47　47.12　　　D. 50　47.12
8. print(2 ** 3 ** 2)的输出结果是(　　)。
   A. 512　　　　　　B. 12　　　　　　C. 64　　　　　　D. 256
9. 下列代码执行后的输出结果是(　　)。

```
A = 6
B = 7
C = 8
Print(pow(B,2) - 4 * A * C)
```

   A. -8　　　　　B. 系统报错　　　C. -143　　　　D. -49

10. print(complex(11.23))的输出结果是(　　)。

   A. 11.23+0j　　B. (11.23+0j)　　C. 11.23　　　　D. 0

11. 下列代码执行后的输出结果是(　　)。

```
>>> w = '开心一刻'
>>> w * 3
```

   A. '开心一刻'　　　　　　　　　B. '开心一刻开心一刻开心一刻'
   C. 开心一刻　　　　　　　　　　D. 系统报错
      开心一刻
      开心一刻'

12. print(hex(231))的输出结果是(　　)。

   A. 0xe7　　　　B. 0xff　　　　c. 0ef7　　　　D. 0bfe

13. 下列代码执行后的输出结果是(　　)。

```
>>> a = 'werqtabcdmn'
>>> print(a[1:9:2])
```

   A. erta　　　　B. radm　　　　C. eqac　　　　D. wrtb

14. 下列代码执行后的输出结果是(　　)。

```
>>> m = 'Flower'
>>> print(m[ : :-1])
```

   A. 'rewolF'　　B. Flower　　　C. 'Flower'　　D. rewolF

15. 下列代码执行后的输出结果是(　　)。

```
>>> s = 'Today is Sunday! We are going to  play   tennins.'
>>> print(s.split(' '))
```

   A. 系统报错
   B. ['Today', 'is', 'Sunday!', 'We', 'are', 'going', 'to', '', 'play', 'tennins.']
   C. Today is Sunday! We are going to play   tennins.
   D. Today is Sunday! We are goingtoplaytennins.

16. 下列代码执行后的输出结果是(　　)。

```
>>> x = 'xiaoming'
>>> y = 'is my classmate'
>>> print('{:->10}:{:->25}'.format(x,y))
```

A. 系统报错

B. xiaoming is my classmate

C. --xiaoming:---------is my classmate

D. ---- xiaoming:---------is my classmate

17. 下列代码执行后的输出结果是（　　）。

```
>>> a = 56.78
>>> print(type(a))
```

A. < class 'float'>　　　　　　　　B. < class 'int'>

C. < class 'complex'>　　　　　　D. < class 'bool'>

18. 下列代码执行后的输出结果是（　　）。

```
>>> a = 'python'
>>> '{0:3}'.format(a)
```

A. 'pyt'　　　B. 'pyth'　　　C. 'python'　　　D. '   python'

19. 下列代码执行后的输出结果是（　　）。

```
>>> s = '星期一星期二星期三星期四星期五星期六星期日'
>>> m = 4
>>> print(s[m*3:m*3+3])
```

A. 星期三　　　B. 星期四　　　C. 星期五　　　D. 星期六

20. 下列代码执行后的输出结果是（　　）。

```
>>> x = 'mygirlgirlboylovegirlqwr'
>>> y = 'girl'
>>> n = x.count(y)
>>> print(n)
```

A. 2　　　　　B. 3　　　　　C. 4　　　　　D. 5

21. 以下表达式中可访问字符串a从右向左第四个字符的是（　　）。

A. a[4]　　　B. a[-4]　　　C. a[0:-4]　　　D. a[:-4]

22. 以下关于Python语言字符串描述错误的是（　　）。

A. 字符串是用一对单引号或双引号括起来的零个或多个字符

B. 字符串是字符的序列表示

C. 字符串使用[]进行索引和切片

D. 字符串的切片方式是[M,N]，但是不包括N

23. 给出如下代码：a='有位佳人，在水一方'，可以输出"佳人"子串的是（　　）。

A. print(a[3])　　　　　　　　B. print(a[-6:-1])

C. print(a[2:4])　　　　　　　D. print(a[2:3])

24. 以下描述正确的是（　　）。

A. 条件 36<=44<77 是合法的,且输出为 False
B. 条件 26<=34<17 是合法的,且输出为 False
C. 条件 26<=34<17 是不合法的
D. 条件 26<=34<17 是合法的,且输出为 True

25. 下列代码执行后的输出结果是(　　)。

```
>>> a = '21 + 6my'
>>> eval(a[1:-2])
```

  A. 27　　　　　　B. 7　　　　　　C. 21+6　　　　　　D. 执行错误

26. 以下表达式中可以访问字符串 s 从右向左第三个字符的是(　　)。

  A. s[3]　　　　　B. s[-3]　　　　C. s[0:3]　　　　D. s[:3]

27. 以下输出结果是 False 的是(　　)。

  A.
```
>>> 3 is 3
```

  B.
```
>>> 3 is not 8
```

  C.
```
>>> 3 != 5
```

  D.
```
>>> False != 0
```

28. 下列代码执行后的输出结果是(　　)。

```
>>> True - False
```

  A. True　　　　　B. False　　　　　C. 1　　　　　D. 系统出错

29. 下列代码执行后的输出结果是(　　)。

```
>>> a = 3
>>> b = 3
>>> c = 3.0
>>> print(a == b, a is b, a is c)
```

  A. True False True　　　　　　　B. True True False
  C. True True True　　　　　　　 D. Ture False False

30. 以下输出结果是 False 的是(　　)。

A.

```
>>>'我爱跑步88'>'我爱跑步'
```

B.

```
>>>'我爱跑步'<'我爱'
```

C.

```
>>>' '<'f'
```

D.

```
>>>'qwer' == 'QWER'.lower()
```

31. 下列代码执行后的输出结果是（   ）。

```
>>>'345'>=345
```

A. True   B. False   C. None   D. 系统报错

32. 下列代码执行后的输出结果是（   ）。

```
>>> a=3;b=5;c=6;d=True
>>> print(not d or a>=0 and a+c>b+3)
```

A. True   B. False   C. None   D. 系统报错

33. 下列代码执行后的输出结果是（   ）。

```
>>> x=0;y=True;
>>> Print(x>y and 'A'<'B')
```

A. True   B. False   C. None   D. 系统报错

34. 以下输出结果是 False 的是（   ）。

A.

```
>>>'5' in '345'
```

B.

```
>>> 1<6<pow(9,0.5)
```

C.

```
>>> 3<5>2
```

D.

```
>>> 'ty'> 3
```

35. 下列代码执行后的输出结果是(　　)。

```
>>> a = 47
>>> b = True
>>> a + b > 3 * 12
```

  A. True   B. False   C. −1   D. 0

36. 下列代码执行后的输出结果是(　　)。

```
>>> '4' + '6'
```

  A. 46   B. 10   C. '46'   D. '4+6'

37. 以下选项中 Python 不支持的数据类型是(　　)。

  A. char   B. int   C. str   D. float

38. 有字符串 s='abcde',n=len(s)。索引字符串 s 中的字符'c',以下选项正确的是(　　)。

  A. s[n/2]   B. s[(n+1)/2]   C. s[n//2]   D. s[(n+1)*2]

39. 下列代码执行后的输出结果是(　　)。

```
>>> s = 'python'
>>> '{0:4}'.format(s)
```

  A. 'pyt'   B. 'pyth'   C. 'python'   D. ' python'

40. 下列代码执行后的输出结果是(　　)。

```
>>> s = 'python'
>>> '{0:.4}'.format(s)
```

  A. 'pyt'   B. 'pyth'   C. 'python'   D. ' python'

二、写出下面各逻辑表达式的值

其中 a=3,b=4,c=5。

1. a+b>c and b==c
2. a or b+c and b>c
3. not(a>b) and not c or 1
4. not(a+b)+c and b+c/2

三、填空题

1. 交互式执行下列两条语句:

m = 'abcdeabcdeab'
m.strip('ab')

输出结果是_____。

2. 使用反向递减序号时,s='python'中的字符'h'的索引值是_____。

3. 变量 a,b,c 是字符串,print('{}{}{}'.format(a,b,c))语句输出结果是_____。

4. 1010.3*0 的结果是_____类型；(1+2j)*0 的结果是_____类型。

5. 字符串 s 足够长,语句_____返回字符串 s 中第 1～6 共 6 个字符组成的子串；语句_____返回字符串 s 中第 3～8 共 6 个字符组成的子串。

6. 交互环境下执行语句 eval(" 'I   love   swimming'")的输出结果是_____。

7. a 是一个字符串变量,语句 a[0].upper()+a[1:]的功能是_____。

8. 判断值是否相等的运算符是_____,判断的结果是 True 或是 False。

9. 对于字符串 s,可以采用_____方法根据','分隔字符串 s。

10. Python 语言中采用_____编码可以表达所有字符信息。

四、编程实现如下功能

1. 计算圆锥体的体积。π 取 3.14。

2. 计算梯形的面积。

3. 从键盘输入三个数,求这三个数的平均值。

4. 要求用户从键盘上输入 1～7 的数字,输出对应的星期字符串的名称。例如：输入 5,返回"星期五"。

5. 小华体重 60kg,如果他每天通过运动或减少食物的摄取能够减轻自身体重的 0.2%,请问一个月后,他的体重是多少？假设一个月按 30 天计算。

6. 不调用任何外部函数,写出下列数学表达式的结果并输出,结果保留小数点后面 3 位。

$$x=\sqrt{\frac{5^3-3\times 2^4}{6}}$$

7. 从键盘上输入一个正整数,编程将该数逆序输出。例如：输入 1234,输出 4321。

8. 给定一个数字 987654,请采用宽度为 15,居中对齐方式打印输出,不足位用"*"填充。

9. 给定一个整数数字 0x1234,请将该数的二进制、八进制、十进制、十六进制形式依次输出,各种类型数据间用","分隔。

10. 给出一个字母组成的字符串,先将字符串全部换成大写字母输出；接着统计字母"o"出现的次数；最后将字母"o"全部替换为"abc"并输出。

11. 从键盘上输入若干个整数数据,各数据之间用","分隔,求上述数据最大、最小值。

12. 从键盘上输入一个字符串,将字符串循环右移两位输出。

13. 从键盘上输入一个 N 的值,计算并输出 2 的 N 次幂结果的后十位。

14. 从键盘上输入一个 N 的值,计算并输出 N 的立方结果的长度。

15. 0x4DC0 是一个十六进制数,它对应的 Unicode 编码是中国《易经》六十四卦的第一卦,请用 format()方法输出第三十一卦对应的 Unicode 编码的二进制、十进制、八进制、十六进制的格式。

五、写出横线上的输出内容,并说明原因

1. 写出下列字符串的切片或索引后的结果。

```
>>>"昔我往矣,杨柳依依."[1]
_____
>>>"昔我往矣,杨柳依依."[-1]
_____
>>>"昔我往矣,杨柳依依."[2:4]
_____
>>>"昔我往矣,杨柳依依."[5:-2]
_____
>>>"昔我往矣,杨柳依依."[4:2]
_____
>>> '昔我往矣,杨柳依依.'[1::2]
_____
```

2. 写出下列函数运行后的结果。

```
>>> round(12.74,0)
_____
>>> round(12.74,-1)
_____
>>> round(12.74,-2)
_____
>>> round(6.5)
_____
>>> round(7.5)
_____
>>> round(7.50000001)
_____
```

3. 写出下列表达式运行后的结果。

```
>>> -5.0//3
_____
>>> 16/4-2**5*8/4%5//2
_____
>>> 5%3
_____
>>> -5%3
_____
>>> 5%-3
_____
>>> -5%-3
_____
```

4. 写出表达式运行后的结果。

```
>>> x,x = -10,60
>>> x
_____
>>> x = 50
```

```
>>> x, x = 30, x * 3
>>> x
_____
```

六、写出下列字符串 format() 格式输出结果

```
>>> s = '天天向上'
>>>"{ : 10}".format(s)
_____
>>>"{ : ^ 10}".format(s)
_____
>>>"{ : > 10}".format(s)
_____
>>>"{: * ^ 10}".format(s)
_____
>>>"{:^1}".format(s)
_____
>>> y = ' + '
>>>"{ 0: {1} ^ 10}".format(s, y)
_____
>>>" { :. 5 } ".format("我爱你美丽的中国")
_____
>>>"{ : *^21, }".format(1234567890)
_____
>>>"{ 0 : *^21 }".format(1234567890)
_____
>>>"{ : >15. 3f } ".format(12345.67890)
_____
```

七、解释产生下列输出结果的原因

```
>>> a = 'a'
>>> b = 5
>>> a   and   b
5
>>> b   and   a
'a'
>>> a or b
'a'
>>> b   or a
5
>>> a = False
>>> b = 1
>>> a   and   b
False
>>> a   or   b
```

```
1
>>> a or b
1
>>> b or a
1
```

八、判断题

1. Python 语言提供区间访问方式,通常采用[N,M]格式。
2. Python 语言提供区间访问方式,通常采用[N:M]格式。
3. math 或 turtle 库均为第三方数据库,在使用前一定要用 import 命令导入该库才能使用。
4. math 或 turtle 库均为 Python 系统的标准库,用户使用前需要用 pip 工具安装后才能使用。
5. pow(4,2,3)的输出结果是 1。
6. 将一个正整数开根号运算,只能调用 math.sqrt()函数解决问题。
7. math 库功能非常强大,用于非常复杂的科学计算,但是却不能进行复数运算。
8. abs()与 math.fabs()函数功能一样,对于任何数字型数据都可以取绝对值。
9. print(pow(9,0.5) * pow(9,0.5)==9)的输出结果为 True。
10. 圆括号"()"的优先级别最高,在一个表达式中,圆括号可以嵌套使用。
11. math.ceil(57.8)的输出结果为 57。
12. math.floor(57.8)的输出结果为 57。
13. pow()与 math.pow()两个函数功能相同而且值也没有任何区别。
14. type('abc')的返回值为< class 'char'>。
15. 执行下列代码后的输出结果是:1234。

```
>>> x = '1,2,3,4'
>>> y = x.strip(',')
>>> print(y)
```

16. 执行下列代码后的输出结果是:1,2,3,4。

```
>>> x = ',1,2,3,4,'
>>> y = x.strip(',')
>>> print(y)
```

17. 执行 print('%'.join('abc'))代码后的输出结果是 a%b%c。
18. '\n'是转义符中的换行符,其功能是将光标移到下一行的任意位置。
19. 执行 print(float(9))代码后的输出结果是 9.0。
20. format()方法中,如果用户希望引用槽的顺序发生改变,也可以自行在槽中设置序号顺序。

第4章 习　题

一、选择题

1. 关于元组数据以下描述错误的是(　　)。
    A. 元组一旦创建就不能被修改
    B. 元组与列表同属序列类型数据,元组中的数据可以被任意修改
    C. 元组用一对"()"和逗号表示数据
    D. 元组中的元素可以是不同类型的数据
2. 不属于 Python 语言序列类型数据的是(　　)。
    A. 字符串　　　　　B. 元组类型　　　　　C. 列表类型　　　　　D. 数组类型
3. 关于列表以下描述错误的是(　　)。
    A. 列表的长度不可变
    B. 列表用一对"[ ]"表示
    C. 列表是一个可以修改数据项的序列类型
    D. 列表可以是空的
4. 下列代码执行后能输出变量 a 所包含字符个数的语句是(　　)。

```
>>> a = list('python程序设计')
```

    A. print(a.sum())   B. print(len(a))
    C. print(a.index())   D. print(a.count())
5. 下列代码执行后的输出结果是(　　)。

```
>>> a = [1,2,3,4,5]
>>> a[::-1]
```

    A. [5,4,3,2,1]   B. [1,2,3,4,5]   C. [1,3,5]   D. 错误信息提示
6. 以下描述错误的是(　　)。
    A. 如果 m 是一个序列,a 是 m 的元素,a in m 返回 True
    B. 如果 m 是一个序列,a 不是 m 的元素,a not in m 返回 True
    C. 如果 m 是一个序列,m=[1,2,3,True],m[4]返回 True
    D. 如果 m 是一个序列,m=[1,2,3,True],m[-1]返回 True
7. 对于序列 x 能够返回序列 x 中第 i 到第 j 个、步长为 k 的元素,以下表达式正确的是(　　)。

    A. x[l,j,k]　　　　B. x[i;j;k]　　　　C. x[l;j;k]　　　　D. x(l,j,k)
8. 有序列 x,针对 max(x)函数描述正确的是(　　)。
    A. 一定能够返回序列 x 的最大元素
    B. 返回序列 x 的最大元素,但要求序列 x 中的元素之间能比较
    C. 返回序列 x 的最大元素,如果有多个元素相同,则返回一个元组类型
    D. 返回序列 x 的最大元素,如果有多个元素相同,则返回一个列表类型
9. 元组 m=('red','yellow','green','blue'),执行 m[::-1]命令后的输出结果是(　　)。
    A. ('blue','green','yellow','red')　　　B. ['blue','green','yellow','red']
    C. {'blue','green','yellow','red'}　　　D. 系统出错
10. 关于元组以下描述正确的是(　　)。
    A. 创建一个空元组 tup=(　)　　　B. 使用 tup=(50)能创建一个元组
    C. 元组中的元素允许被修改　　　　D. 元组中的某一个元素允许被删除
11. 关于字典以下描述错误的是(　　)。
    A. 字典是一种可变容器,可存储任意类型的数据
    B. 每个"键值对"都用冒号隔开
    C. "键值对"中,"值"必须是唯一的
    D. "键值对"中,"键"必须是不可变的
12. 不能创建字典的语句是(　　)。
    A. d={ }　　　　　　　　　　　　B. d={3;6}
    C. d={(3,4,5):'rttyu'}　　　　　　　D. d=([1,2,3]:'rttyu')
13. 下列说法错误的是(　　)。
    A. None 的布尔值是 True　　　　　B. 空字符串的布尔值是 False
    C. 空列表的布尔值是 False　　　　 D. 整数 0 的布尔值是 False
14. 已知字典 a={"水果":"西瓜","谷物":"红豆","蔬菜":"黄瓜"},执行 len(a)后输出结果是(　　)。
    A. 1　　　　　　B. 3　　　　　　C. 6　　　　　　D. 9
15. 以下不能生成一个空字典的是(　　)。
    A. { }　　　　　B. dict()　　　　C. dict([])　　　D. {[ ]}
16. 下列代码执行后的输出结果是(　　)。

```
>>> d1 = {'a':5,'b':8,'c':12}
>>> m = d1['b']
```

    A. 5　　　　　　B. 8　　　　　　C. 12　　　　　 D. {'b':8}
17. 关于字典 d,对于 x in d 描述正确的是(　　)。
    A. 判断 x 是否是字典 d 中的"键值对"
    B. 判断 x 是否是字典 d 中的"键"
    C. 判断 x 是否是字典 d 中的"值"
    D. 判断 x 是否在字典 d 中以"键"或"值"的形式存在
18. 关于字典 d,以下操作可以清空该字典内容只保留字典名称的是(　　)。

A. d.remove()　　B. d.pop()　　C. d.clear()　　D. del d

19. a与b是两个集合,针对a|b描述正确的是(　　)。
    A. 这是并运算,包括在两个集合中的所有元素
    B. 这是差运算,包括在a集合中但不在b集合中的所有元素
    C. 这是补运算,包括在两个集合中的不相同的所有元素
    D. 这是交运算,包括在两个集合中的所有元素

20. 给定字典d,关于d.items()描述正确的是(　　)。
    A. 返回一种dict_items类型,包括字典d中所有"键值对"
    B. 返回一个元组类型,包括字典d中所有"键值对"
    C. 返回一个列表类型,包括字典d中所有"键值对"
    D. 返回一个集合类型,包括字典d中所有"键值对"

21. 已知list1=[1,2,3,4],执行list1.pop(3)命令后输出结果是(　　)。
    A. 3　　B. 4　　C. [1,2,4]　　D. [1,2,3]

22. 被称为映射类型数据的是(　　)。
    A. 元组　　B. 集合　　C. 序列　　D. 字典

23. 不存在排列上的先后顺序的数据类型是(　　)。
    A. 元组　　B. 集合　　C. 字符串　　D. 列表

24. 以下描述正确的是(　　)。
    A. 序列类型是二维元素向量,元素之间存在先后顺序
    B. 集合中的元素允许有重复值,但是元素之间不存在先后顺序
    C. 元组的长度及内容都不可以改变
    D. 列表的长度不可以改变

25. 给定字典dict,关于dict.keys()用法描述不正确的是(　　)。
    A. 返回字典中所有"键"的信息
    B. 返回字典中第一个"键"对应的信息
    C. 返回值是系统内部数据类型dict_keys
    D. 可将返回结果转换为列表

26. 以下创建字典的方法错误的是(　　)。
    A. d={"姓名":"张三"}　　B. d=dict()
    C. d=dict(张三=2500,李四=3000)　　D. d=()

27. 给定字典dict,关于dict.pop(key,default)用法描述不正确的是(　　)。
    A. 根据"键"值查找并取出"值"对应的信息
    B. 它与dict.get()方法都能够将对应的"键值对"信息删除
    C. 不仅能把"键"对应的信息返回,还能删除该"键值对"信息
    D. default参数可以省略,如果省略,默认值为空

28. a=[1,2,3],执行print(a*2)命令后的输出结果是(　　)。
    A. [1,2,3,1,2,3]　　B. [1,2,3]
    C. [1,2,3]　　D. [1,2,3][1,2,3]
    　　[1,2,3]

29. a=[1,2,3],执行 sorted(a)命令后的输出结果是(   )。
    A. [1,2,3]　　　　B. [3,2,1]　　　　C. [3]　　　　D. [1]
30. 已知 list=[1,2,3,4],不能将列表中的元素"3"删除的是(   )。
    A. list.remove(2)　B. list.pop(2)　　C. del x[2]　　D. list.remove(3)
31. 关于元组描述不正确的是(   )。
    A. 元组因为是不可变序列,可用作字典中的"键"
    B. 元组可用作集合中的元素
    C. 不能使用保留字 del 命令对元组进行删除操作
    D. 元组不可改变元素的属性使其具有"写保护"功能
32. 关于集合描述不正确的是(   )。
    A. 集合中的数据无序
    B. 使用集合可以过滤重复值
    C. 集合输出的结果唯一
    D. 集合中所有数据包含在一对花括号"{}"中
33. 已知列表 m=[0,1,None,True],执行 all(m)命令后输出结果是(   )。
    A. 0　　　　　　　B. 1　　　　　　　C. True　　　　　D. False
34. 已知列表 m=[0,1,None,True],执行 any(m)命令后输出结果是(   )。
    A. 0　　　　　　　B. 1　　　　　　　C. True　　　　　D. False
35. 已知 a={5,7,9,11},b={5,6,7,8},运算结果正确的是(   )。
    A. a&b={5,7}　　B. a|b={5,7}　　C. a-b={5,7}　　D. a^b={5,7}
36. 已知 a={5,7,9,11},b={5,6,7,8},a^b 运算结果是(   )。
    A. {5,7}　　　　　B. {6,8,9,11}　　C. {5,6,7,8,9,11}　D. {9,11}
37. 执行 d={}操作后,以下说法正确的是(   )。
    A. 创建一个字典　　　　　　　　B. 创建一个集合
    C. 提示错误信息　　　　　　　　D. 既可以创建集合也可以创建字典
38. 不能创建一个集合的语句是(   )。
    A. s1=set()　　　　　　　　　　B. s2=set('1234')
    C. s3=(1,2,3,4)　　　　　　　　D. s4=set((1,2,3,4))
39. 对于集合 a 与 b,a>=b 表示的含义是(   )。
    A. 判断 a 是 b 的子集　　　　　　B. 判断 a 是 b 的超集
    C. 判断 b 是 a 的子集　　　　　　D. 判断 b 是 a 的超集
40. 不是序列基本操作的是(   )。
    A. in　　　　　　　B. min　　　　　　C. max　　　　　　D. count

二、填空题

已知列表 a=[1,2,3,4,5,6,6],写出实现以下功能的代码及返回值。
1. 求出列表 a 的长度_____。
2. 输出列表 a 中下标值为 4 的元素_____。
3. 输出列表第 3 个及其后面所有的元素_____。
4. 在列表 a 末尾增加元素'x'_____。

5. 删除列表 a 第 3 个元素_____。

6. x=[1,2,3],连续执行 y=x[:]和 y.apppend(4)两条语句后,y 的值为_____。

7. len(range(1,10))的值为_____。

8. 已知 x=(3,),那么 x*3 的值为_____。

9. 针对列表 a=[1,2,3,4,5,6,6],在元素 5 的前面增加一个元素 7(都是数字型数据)_____。

10. 将列表 a 中的元素 3 移去_____。

11. 输出列表 a 中第一次出现的元素 6 的索引号_____。

12. 统计列表 a 中元素 6 的个数_____。

13. 判断数字 9 是否在列表 a 中_____。

14. 删除整个列表 a 所有的元素_____。

三、按要求转换变量

1. 将字符串 x='你好,中国!'转换为列表_____。

2. 将字符串 x='你好,中国!'转换为元组_____。

3. 将列表 a=[1,2,3,4,5,6]转换为元组_____。

4. 将元组 tup=(51,'5',7.89)转换为列表_____。

四、针对字典 d,编写代码实现如下功能

已知字典 d={'姓名':'毛小国','地址':'beijing','电话号码':'13456789128'}。

1. 分别输出字典 d 中所有的"键"(key)、"值"(value)的信息。

2. 将字典 d 中所有的"键"(key)、"值"(value)的信息分别以列表形式输出。

3. 输出字典 d 中地址的值。

4. 修改字典 d 中电话号码的值为'021-8796584'。

5. 添加键值对'班级':'python',并输出。

6. 用两种方法删除字典 d 中的地址键对值。

7. 返回"工资"键对应的"值"信息,并观察返回后的结果。

8. 随机删除字典 d 中的一个"键值对"。

9. 清空字典 d。

五、判断题

1. 已知 x={1:1,2:2},那么语句 x{3}无法正常执行。

2. 创建只包含一个元素的元组时,必须在元素后面加一个逗号,例如(3,)。

3. 系统将空列表、空字典、空元组都当作 False 值对待。

4. 对于列表而言,在尾部追加元素比在中间位置插入元素速度更快一些,尤其对于包含大量元素的列表。

5. 列表可以作为集合的元素。

6. Python 支持使用字典中的"值"作为下标来访问字典中的"键"信息。

7. 只能通过切片访问元组中的元素,不能使用切片修改元组中的元素。

8. 元组可以作为集合的元素。

9. del 作为保留字可以对组合数据类型进行删除操作。

10. del 作为保留字与 clear()方法一样都可以对组合数据类型进行删除操作,两者没有

区别。

11. 字典中的各个"键值对"以":"作为分隔符。

12. 字典是 Python 语言中唯一的映射类型数据。

13. 由于{ }既可以表示字典也可以表示集合类型的数据,因此执行 d={ }命令既可以创建字典类型数据,也可以创建集合类型的数据。

14. 字典中的一个"键"可以对应多个"值"信息。

15. 字典中的"键"和"值"用":"作为分隔符。

16. time 库的 time.mktime(t)函数的作用是返回一个代表时间的精确浮点数,通过两次或多次调用的差值来计时。

17. time 库的 time.time()函数的作用是返回系统当前的时间戳。

18. time.sleep(secs)的作用是将当前程序挂起 secs 秒,挂起即暂停执行。

19. time.perf_counter()表示返回一个代表时间的精确浮点数,两次或多次调用,其差值用来计时。

20. time.ctime()函数的功能是返回系统当前时间戳对应的本地时间的 struct_time 对象。

第5章 习题

一、选择题

1. 以下语句能完成1~20累加求和功能的是(　　)。
    A. for i in range(20,0)： sum＋＝i
    B. for i in range(1,20)： sum＋＝i
    C. for i in range(20,0,－1)： sum＋＝i
    D. for i in range(20,19,18,…3,2,1)： sum＋＝i
2. 下列语句执行后,功能描述正确的是(　　)。

```
K = 15
While k:
    K = k - 2
    Print(k)
```

    A. while 循环执行了 15 次
    B. 该循环是无穷循环
    C. 循环体一次也没被执行
    D. 循环体只被执行了一次
3. 下列语句执行后,最后一行的输出结果是(　　)。

```
for i in range(1,4):
    for j in range(2,6):
        print(i * j)
```

    A. 24   B. 15   C. 8   D. 6
4. 下列说法正确的是(　　)。
    A. break 语句用在 for 循环中,而 continue 用在 while 循环中
    B. break 语句用在 while 循环中,而 continue 用在 for 循环中
    C. continue 能结束循环,而 break 只能结束本次循环
    D. break 能结束循环,而 continue 只能结束本次循环
5. 执行下列语句后,b 的值是(　　)。

```
a,b = 5,0
if a == b:
    b = b + 4
```

```
else:
    b = a + 4
print(b)
```

  A. 8   B. 5   C. 9   D. 6

6. 执行下列程序需要运行的次数是(　　)。

```
s = 10000
while s > 1:
    print(s)
    s = s/2
```

  A. 10000   B. 15   C. 13   D. 14

7. 关于 while 保留字,以下描述正确的是(　　)。
  A. 使用 while 保留字必须提供循环次数
  B. 所有 while 循环功能都能用 for 循环替代
  C. while True:构成了死循环,程序要禁止使用
  D. 使用 while 循环能够实现循环计数

8. 下列代码执行后的输出结果是(　　)。

```
for i in range(1,5):
    if i % 3 == 0:
        break
    else:
        print(i,end = ",")
```

  A. 1,2,3   B. 1,2,3,4   C. 1,2,   D. 1,2,3,4,5

9. 下列代码执行后的输出结果是(　　)。

```
s = 1
for i in range(1,101):
    s = s + i
print(s)
```

  A. 5049   B. 5050   C. 5051   D. 5052

10. 下列代码执行后的输出结果是(　　)。

```
b = 1
for i in range(5,0,-1):
    a = (b + 1) * 2
    b = a
print(a)
```

  A. 23   B. 46   C. 94   D. 190

11. 下列代码执行后的输出结果是(　　)。

```
for i in 'middle':
    if i == 'd':
        break
    print(i)
```

A. d   B. ddle   C. m   D. 无输出

12. 下列代码执行后的输出结果是（   ）。

```
x = 0
y = 1
if x > 0 or y/x > 2:
    print('yes')
else:
    print('no')
```

A. yes   B. no   C. 报错   D. 无输出

13. 下列代码执行后的输出结果是（   ）。

```
for i in ['apple','banana','peach']:
    print(i)
```

A. apple
   banana
   peach

B. apple banana peach

C. apple，banana，peach

D. apple

14. 给出以下代码，描述错误的是（   ）。

```
i = 1
while i < 5:
    j = 0
    while j < i:
        print('@',end = '')
        j += 1
    print("\n")
    i += 1
```

A. 提示出错
B. 输出 4 行
C. 第 i 行有 i 个 @
D. 内层循环 j 用于控制每行打印的 @ 个数

15. 以下代码执行后的输出结果是（   ）。

```
list = ['b','c','d','e']
for i in list:
    if i == 'c':
```

```
        print('北京大学')
        break
    print('循环数据' + i)
else:
    print('没有循环数据')
print('完成循环')
```

A. 循环数据 b
　　北京大学
　　完成循环

B. 北京大学
　　完成循环

C. 循环数据 b
　　完成循环

D. 循环数据 b
　　北京大学

16. 以下代码执行后的输出结果是(　　)。

```
for i in range(1,5):
    sum * = i
print(sum)
```

A. 6　　　　B. 8　　　　C. 报错　　　　D. 10

17. 以下代码执行后的输出结果是(　　)。

```
list = ['大熊猫','金丝猴','东北虎','小熊猫','袋鼠','熊猫']
for s in  list:
    if '熊猫' in  s:
        print(s,end = ' ')
        continue
```

A. 大熊猫 小熊猫 熊猫　　　　B. 大熊猫
　　　　　　　　　　　　　　小熊猫
　　　　　　　　　　　　　　熊猫

C. 大熊猫　　　　　　　　　　D. 小熊猫

18. 判断当前 Python 语句在分支结构中的符号是(　　)。
　　A. 引号　　B. 冒号　　C. 缩进　　D. 大括号
19. Python 语言异常处理中不会出现的关键字是(　　)。
　　A. try　　B. if　　C. finally　　D. else
20. 以下选项中实现多路分支最佳控制结构的是(　　)。
　　A. if　　B. if…elif…else　　C. try　　D. if-else
21. 以下选项中能够完成中断 Python 程序运行的是(　　)。
　　A. F5　　B. F6　　C. Ctrl+C　　D. Ctrl+Q
22. 以下选项中能够实现 Python 循环结构的是(　　)。
　　A. loop　　B. while　　C. do…for　　D. if
23. 图题 5-1 是求表达式 $\dfrac{1}{2+\dfrac{1}{2+\dfrac{1}{2}}}$ 的程序框图,图中空白处应填入(　　)。

A. $a=\dfrac{1}{2+a}$ B. $a=2+\dfrac{1}{a}$ C. $a=\dfrac{1}{1+2a}$ D. $a=1+\dfrac{1}{2a}$

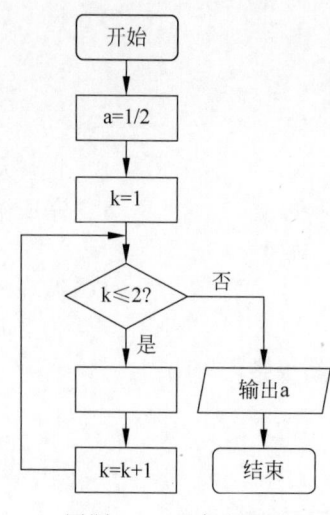

图题 5-1　程序流程图

24. 代码 print(pow(5,0.5)*pow(5,0.5)==5)执行后的输出结果是(　　)。
   A. True B. False
   C. 5 D. pow(5,0.5)*pow(5,0.5)==5

25. 关于 Python 语言的分支结构,以下描述错误的是(　　)。
   A. 分支结构可以向已经执行过的语句部分跳转
   B. 分支结构使用 if 保留字
   C. Python 中的 if…else 语句用来描述二分支结构
   D. Python 中的 if…elif…else 语句用来描述多分支结构

26. random 库中用于生成随机小数的函数是(　　)。
   A. random() B. randint() C. getrandbits() D. randrange()

27. 以下函数中能够最简单地从列表['water','juice','coffee','milk']中随机选取一个元素的是(　　)。
   A. shuffle() B. choice() C. sample() D. random()

28. random.uniform(a,b)的作用是(　　)。
   A. 生成一个[a,b]的随机整数
   B. 生成一个均值为 a,方差为 b 的正态分布
   C. 生成一个(a,b)的随机数
   D. 生成一个[a,b]的随机小数

29. 关于程序的异常处理,描述错误的是(　　)。
   A. Python 通过 try,except 等保留字提供异常处理功能
   B. 程序异常发生经过妥善处理可以继续执行
   C. 异常语句可以与 else 和 finally 保留字配合使用
   D. 编程语言中的异常和错误是完全相同的概念

30. 下列代码执行后的输出结果是( )。

```
a = 1.0
if isinstance(a,int):
    print("{} is int".format(a))
else:
    print("{} is not int".format(a))
```

  A. 1.0 is not int B. 报错 C. 无输出 D. 1.0 is int

31. 以下描述错误的是( )。

```
for i in range(1,10):
    for j in range(1,i+1):
        print("{} * {} = {}\t".format(j,i,i*j),end = '')
    print(" ")
```

  A. 执行代码,输出九九乘法表
  B. 可使用 while 嵌套循环实现上面程序的功能
  C. 执行代码出错
  D. 内层循环 i 用于控制一共打印 9 行

32. 下列代码执行后的输出结果是( )。

```
sum = 0
for i in range(20,101):
    if i%2 ==0:
        sum += i
    else:
        sum -= i
print(sum)
```

  A. 58 B. 59 C. 60 D. 61

33. break 语句在循环中的作用是( )。
  A. 结束本次循环,继续下次循环 B. 终止程序
  C. 终止本次循环 D. 结束选择结构语句

34. continue 语句在循环中的作用是( )。
  A. 结束本次循环,继续下次循环 B. 终止程序
  C. 终止本次循环 D. 结束选择结构语句

35. 下列代码执行后输出结果是( )。

```
for i in range(6):
    if i == 2:
        break
    elif i == 3:
        continue
```

```
    else:
        print(i,end = ',')
```

A. 0,1,2,3,4,5　　B. 0,2　　　　　C. 0,1,2　　　　D. 0,1,

36. 执行下列语句后,与 not i 等价的语句是(　　)。

```
i = 0
while not i:
    pass
```

A. i==0　　　　B. i==1　　　　C. i!=0　　　　D. i!=1

37. 下列代码执行后的输出结果是(　　)。

```
sum = 10
for i in range(100):
    if(i%10):
        continue
    sum += i
print(sum)
```

A. 4950　　　　B. 5050　　　　C. 460　　　　D. 450

38. 下列代码执行后的输出结果是(　　)。

```
for i in "water":
    if i == "t":
        continue
    print(i,end = ",")
```

A. w,a,e,r,　　B. w,a,t,e,r,　　C. w,a　　　　D. w,a,

39. 下列代码执行后的输出结果是(　　)。

```
for i in "water":
    if i == "t":
        break
    print(i,end = ",")
```

A. w,a,e,r,　　B. w,a,t,e,r,　　C. w,a　　　　D. w,a,

40. 给出如下代码。执行时从键盘输入 e%f%g%h,输出结果是(　　)。

```
x = input("请输入一个带分隔符的字符串:").split('%')
a = 0
while a < len(x):
    print(x[a],end = ',')
    a = a + 1
```

A. e%f%g%h%　　B. e,f,g,h,　　C. e%f%g%h　　D. e,f,g,h

二、编程题

1. 判断成绩是否及格。如果≥60 分则显示"及格",否则什么也不显示。

2. 输入一个浮点数,讨论该数为正数和负数两种情况下绝对值的算法。

3. 判断一个正整数是否能同时被 2 和 3 整除。如果能,显示"yes";否则什么也不显示。

4. 一只大象口渴了,要喝 20L 水才能解渴,但现在只有一个深 h cm,底面半径为 r cm 的小圆桶(h 和 r 都是整数)。问大象至少要喝多少桶水才会解渴?

5. 给出一个等差数列的前两项 a_1,a_2,求第 n 项是多少及前 n 项的和。

6. 超市苹果打折促销,总重量如果不超过 5 千克,单价 3 元/千克,如果超过 5 千克,超过部分打八折;输入为所购买苹果的重量,输出为应付款的总额。

7. 春节快到了,小明和妈妈到邮局打算给家住外地的姥姥邮寄些年货。邮局的阿姨介绍说,托运包裹的运费标准是:包裹质量不大于 15kg 时,每千克收费 6 元;超过 15kg 后,超出部分按每千克 9 元收费。如果包裹的质量为 X kg,请你和小明共同计算包裹的运费 Y 应为多少元?要求结果保留到角。

8. 夏天到了,各家各户的用电量都增加了许多,相应的电费也交的更多了。小玉家今天收到了一份电费通知单。通知单上写明:据辽价电[2019]27 号规定,月用电量 150kW·h 及以下部分按每千瓦时 0.4463 元收取,月用电量 151~400kW·h 的部分按每 kW·h 0.4663 元收取,月用电量 401kW·h 及以上部分按每 kW·h 0.5663 元收取。小玉想自己验证一下,电费通知单上应交电费的数目是否正确。请编写一个程序,已知用电总量,根据电价规定,计算出应交的电费应该是多少。

输入:一个整数,表示用电总量(单位:kW·h),不超过 10 000。

输出:输出一个数,保留到小数点后 1 位(单位:元)。

9. 输入一个百分制的数,根据表题 5-1 判断其对应的等级。

表题 5-1 成绩分级

分 数	等 级
score≥90	A
80≤score<90	B
70≤score<80	C
60≤score<70	D
score<60	E

10. 求下列函数的值。

$$X = \begin{cases} x+6, & x < -5 \\ 2x-12, & x > 5 \\ x^2+4x+1, & -5 \leq x \leq 5 \end{cases}$$

11. 用 for 循环求前 N 个自然数的和。

12. 用 for 循环求前 100 个自然数的偶数和。

13. 已知某四位数 9801 具有如下特征:它的前两位数字"98"与后两位数字"01"的和是"99",而"99"的平方正好等于其本身"9801"。请将所有具有上述特征的四位数显示输出(使用 for 循环)。

14. 用 while 循环分别求出 100 以内的奇数和放入 a 变量中,偶数和放入 b 变量中。
15. 求 1!＋2!＋3!＋…＋10! 的和。
16. 求 300 以内能被 13 整除的所有正整数的个数。
17. 利用循环完成如下功能:要求用户从键盘输入数据,如果输入的数据是 0,立刻停止输入,否则输出所有已经输入数据的和。
18. 考虑异常情况下,要求用户输入一个全数字(可以包含小数点或复数标记),如果用户输入不符合要求,则要求用户再次输入,直到满足条件为止,最后输出这个输入的数据。
19. 不考虑异常的情况下,编写程序要求用户输入一个浮点数,如果用户输入不符合要求,则要求用户再次输入,直到满足条件为止,最后输出这个输入的数据。
20. 使用 turtle 库函数,利用循环语句绘制一个具有 15 层的螺旋状的正方形,效果如图题 5-3 所示。

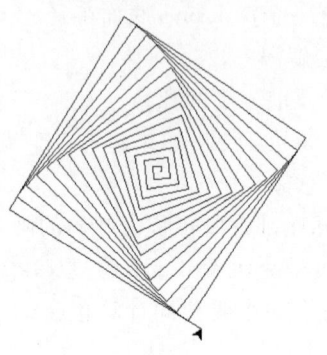

图题 5-2　螺旋状正方形

21. 已知字典 bc,记录的信息是几个省份拥有的出版社信息,请编写程序统计字典中出现的各省份拥有的出版社的数量,最终统计结果输出样式如下。

```
北京:X
上海:X
……
```

字典 bc = {"高等教育出版社":"北京","上海译文出版社":"上海","东北大学出版社":"辽宁",
"清华大学出版社":"上海","上海三联出版社":"上海","上海音乐出版社":"上海",
"上海书画出版社":"上海","上海中医药大学出版社":"上海","天津人民美术出版社":"天津",
"天津科学技术出版社":"天津","原子能出版社":"北京","人民音乐出版社":"北京",
"辽宁大学出版社":"辽宁","开明出版社":"北京","中华书局":"北京","春风文艺出版社":"辽宁"}

提示:在程序中输出字典信息时,不要把所有信息写在一行,用"\"换行符逐行输入。

22. 列表 ls 存储了相关水果名称的信息,请编写程序统计不同种类水果出现的次数。

ls = ["香蕉","蓝莓","苹果","水蜜桃","荔枝","香蕉","梨","香瓜","蓝莓","苹果","香瓜","蓝莓","苹果","苹果","水蜜桃","荔枝","香蕉","水蜜桃","荔枝","水蜜桃","荔枝","水蜜桃","荔枝","香瓜","香瓜","蓝莓","蓝莓","蓝莓","香瓜","蓝莓","苹果","水蜜桃","荔枝","香蕉","梨"]

提示:在程序中输出字典信息时,不要把所有信息写在一行,用"\"换行符逐行输入。

三、填空题

1. Python 语言提供了两种循环结构,分别是_____和_____。
2. 循环语句 for i in range(-4,22,5) 的循环次数是_____。
3. 要使语句 for i in range([　　　　],-4,-2) 的循环次数是 12 次,则循环变量 i 的初值为_____。
4. 如果遇到无穷循环"while True",在循环体中可用_____语句退出循环。

5. 以下程序段执行后的输出结果是_____,循环被执行了_____次。

```
i = -3
while i < 0:
    i = i * i
print(i)
```

6. 判断某一个正整数 x 是否为奇数的 if 条件语句是_____。

7. 对于 if 语句或 for 语句后面的语句块,对它们采取强制_____方式,以此来保证语句之间的逻辑性。

8. _____语句的功能是终止当前循环,_____语句的功能是跳出本次循环继续下次循环。

9. 假定 random 库已经导入,采用_____函数可以指定随机数的种子。

10. 假定 random 库已经导入,随机选取 50 以内的偶数可用_____语句来实现。

四、判断题

1. 编写多层循环时,为了提高运行效率,应该尽量减少内循环中不必要的计算。

2. 循环结构中 continue 语句的作用是跳出当前循环。

3. Python 语言中,不可以使用 for 作为变量名。

4. 对于带有 else 子句的循环语句,如果是因为循环条件表达式不成立而自然结束的循环,则执行 else 子句中的代码。

5. Python 语言使用缩进来体现代码之间的逻辑关系。

6. 如果仅仅是用于控制循环次数,那么使用 for i in range(10) 和 for i in range(10, 20) 的作用是等价的。

7. try…except…else 结构中,如果 try 块的语句引发了异常则会执行 else 块中的代码。

8. 异常处理结构中,不论是否发生异常,finally 子句中的代码总是会执行的。

9. 程序中异常处理结构在大多数情况下是没必要的。

10. Python 语言标准库 random 库中 randint(m,n) 函数的功能是用来生成一个[m,n]区间上的随机整数。

11. 使用 random 模块的函数 randint(1,50) 获取随机数时,有可能会得到 50。

12. 假设 random 模块已导入,表达式 random.sample(range(20),30) 的作用是生成 30 个不重复的整数。

13. 假设 random 模块已导入,表达式 random.sample(range(10),10) 的作用是生成 10 个不重复的整数。

14. 异常处理结构中 finally 结构体中代码仍然有可能出错从而再次引发异常。

15. 异常处理结构中的错误和异常是两个完全相同的概念,因此可以用同样的方法处理。

第 6 章 习　题

一、选择题

1. 关于函数,以下描述错误的是(　　)。
   A. 使用函数可以降低编程复杂度
   B. 使用函数可以提高程序的运行速度
   C. 使用函数可以实现代码的重复使用
   D. 使用函数可以增强代码的可读性
2. 关于函数定义,以下描述错误的是(　　)。
   A. 用户可以根据需要自行定义函数
   B. 函数就像一个"黑盒子",用户不需要了解内部原理,需要的时候能够正确使用就行
   C. 用户自定义函数时,需要声明返回值类型
   D. 针对较大的项目,可以把大任务分解成小任务,每个小任务又拆分成能完成某个独立功能的函数
3. 关于函数定义,以下描述正确的是(　　)。
   A. 定义函数时,如果该函数不需要返回值,可以在自定义的函数名后面省略一对小括号
   B. 函数的参数可以不用指定类型,其个数可以是零个,也可以是一个或更多个
   C. 定义的函数如果存在多个参数,各参数之间用一个空格分隔
   D. 定义函数时,存放参数括号后面的冒号":"可以省略
4. 关于函数定义,以下描述正确的是(　　)。
   A. 函数体主要用来定义该函数的功能
   B. 函数体与 del 保留字必须保持一定的空格缩进
   C. 定义的函数名可以采用保留字
   D. 编写相似功能模块代码,可以采用复制代码的方式,这样可以提高编写效率
5. 以下说法错误的是(　　)。
   A. return 语句可有可无,可以在函数体任意位置出现
   B. return 语句表示函数执行到此结束
   C. 如果函数没有 return 语句,函数返回值为 False
   D. 如果有 return 语句,返回值类型与 return 语句返回表达式的类型要一致
6. 以下说法错误的是(　　)。
   A. Python 语言不允许定义函数体为空的函数

B. 如果自定义的函数功能还没想好可用 pass 语句占位

C. pass 语句不执行任何功能,只是用来作为占位符

D. 系统允许输入这两条语句:

```
def  empyt():
pass
```

7. 以下说法正确的是( )。

   A. 用户自定义的函数功能不能与系统已经设定的某些函数功能雷同

   B. 函数定义后只有被调用才能令其发挥作用

   C. 函数被调用时传递的参数叫作行式参数

   D. 如果是无参数函数,调用时实参也需要说明或指定

8. 以下说法错误的是( )。

   A. 实参个数多于一个,各参数之间用","分隔

   B. 如果是无参数函数,调用时实参不需要指定,但是"()"不能缺少

   C. 实参与形参在个数、类型、顺序上必须一一对应

   D. 实参可以是变量、常量,但不能是未经计算的表达式

9. 以下说法错误的是( )。

   A. lambda 函数又称匿名函数,是指没有函数名的函数

   B. lambda 函数是一种特殊函数,常用在临时需要一个类似函数功能但不想定义函数的场合

   C. lambda 函数只能使用保留字 lambda 来定义

   D. 可将 lambda 函数名作为函数结果返回

10. 关于形参和实参的描述,以下选项正确的是( )。

    A. 函数定义中的参数列表里面的参数是实际参数,简称实参

    B. 参数列表中给出要传入函数内部的参数,这类参数称为形式参数,简称形参

    C. 程序在调用时,将实参复制给函数的形参

    D. 程序在调用时,将形参复制给函数的实参

11. 关于值传递方式,以下描述错误的是( )。

    A. 值传递是实现参数之间传递的重要方式之一

    B. 采用值传递方式,充分体现函数单向传递的规则

    C. 采用值传递方式,先为实参分配内存单元,并将形参的值复制到实参

    D. 采用值传递方式,函数调用结束后,释放形参所占用的内存单元,值也随之消失

12. 关于可选参数的传递,以下描述正确的是( )。

    A. 函数调用时需要按顺序输入参数,参数的数量必须要确定

    B. 函数调用时,有些参数的个数是确定的,有些参数的数量无法确定

    C. 系统将不确定个数的参数定义为非可选参数

    D. 可选参数可在前面加"﹡"定义,可选参数与非可选参数的先后顺序没有统一规定

13. 关于变量的作用域,以下描述错误的是( )。

A. 不同作用域两个变量的名字尽量不要相同,否则容易出错

B. 变量作用域分为全局变量和局部变量两种

C. 每个函数定义的变量只能在一定范围内起作用

D. 无论是局部变量还是全局变量,其作用域范围都是从定义的位置开始的

14. 以下描述错误的是( )。

A. 全局变量一般没有缩进

B. 全局变量在程序执行的全过程有效

C. 局部变量指在函数内部使用的变量,当函数退出时,变量依然存在,下次函数调用可以继续使用

D. 使用 global 保留字声明简单数据类型变量后,该变量可以等同于全局变量被用户使用

15. 以下描述错误的是( )。

A. m= lambda x,y:x+y 执行后,m 的类型是数字类型

B. def x(a,b=32) 这个语句是正确的

C. def y(m,*n) 这个语句是正确的

D. 函数是一段具有特定功能的、可重用的语句组

16. 以下描述错误的是( )。

A. 如果用户定义一个局部变量,其作用域是从定义的位置开始的,在此之前定义的内容无法访问

B. 如果用户定义两个不同的函数,它们的变量名都是 f,这两个变量的作用域仅在各自函数内部起作用,互不干扰

C. 局部变量在函数退出时变量的值依然存在,继续起作用

D. 在定义函数时,如果有些参数存在默认值,可以在定义函数时直接为这些参数指定默认值

17. 以下描述错误的是( )。

A. 为于列表这样的组合类型数据而言,如果局部变量与全局变量具有相同的名字,那么该局部变量会在自己的作用域内执行相关操作

B. 在函数体中,通过 global 定义全局变量并改变参数的值,如果参数是列表等组合类型的数据,不改变原参数的值;如果参数是整数类型数据,改变原来参数的值

C. 针对列表数据类型,可以直接使用全局列表而不需要事先用 global 保留字声明

D. 对于列表等组合数据类型,由于自身拥有多个数据,它们在函数使用中有创建和引用的区别

18. 关于递归描述错误的是( )。

A. 计算机领域中的递归与数学领域的递归原理相通

B. 递归算法简单、易懂、易编写,执行效率也高

C. 函数可以被其他函数调用,也可以被自身调用

D. 递归程序都可以有非递归编写方法

19. 关于递归描述错误的是( )。

A. 递归一定要有基例
B. 递归书写简单
C. 再复杂的算法,基例都只能有一个
D. 递归只是从形式上、逻辑上比较简单而已

20. 以下代码执行后的输出结果是（　　）。

```
>>> def xh(x,y):
        x,y = y,x
        return(x,y)

>>> m = 34
>>> n = 67
>>> m,n = xh(m,n)
>>> print(m,n)
```

A. 67 34　　　　B. 67,34　　　　C. 67 67　　　　D. 34 34

21. 针对下面代码,以下选项错误的是（　　）。

```
>>> def a(x,y = 0,z = 0):
        pass
```

A. a(2,3,4)　　　B. a(2,3)　　　C. a(2,,3)　　　D. a(1)

22. 针对下面代码,以下选项正确的是（　　）。

```
>>> def a(x,y = 0,z = 0):
        pass
```

A. a(2,x=3,z=4)
B. a(x=2,3)
C. a(x=2,y=3,z=4)
D. a(1,y=2,x=3)

23. 针对下面代码,以下选项正确的是（　　）。

```
>>> def x(n):
        n = n + 1

>>> b = 10
>>> x(b)
>>> print(b)
```

A. 系统出错　　B. 10　　　　C. 11　　　　D. 9

24. 针对下面代码,以下描述错误的是（　　）。

```
>>> def f(x,y):
        m = x ** 3 + y
        y = x
        return m
```

```
>>> a = 5
>>> b = 50
>>> m = f(a,b) + b
>>> print(m)
```

    A. 执行该函数后,变量 m 的值为 75

    B. 该函数名称为 f

    C. 执行该函数后,变量 a 的值为 5

    D. 执行该函数后,变量 b 的值为 50

25. 针对下面代码,以下描述错误的是(　　)。

```
>>> str = ['apple','peach','blueberry']
>>> def func(x):
        str.append(x)
        return

>>> func('banana')
>>> print(str)
```

    A. 代码的输出结果是：['apple','peach','blueberry']

    B. func(x)中的 x 为非可选参数

    C. str.append(x)代码中的 str 是全局变量

    D. str.append(x)代码中的 str 是列表类型的数据

26. 针对下面代码,以下描述正确的是(　　)。

```
>>> def func(a = 2,b = 5):
        sum = 1
        for n in range(1,a + 1):
            sum * = n
        return sum//b

>>> print(func(b = 10,a = 5))
```

    A. 执行结果为 15　　　　　　　　B. 按位置参数调用

    C. 按可变参数传递　　　　　　　D. 按名称传递

27. 针对下面代码,以下选项正确的是(　　)。

```
>>> def fib(n):
        a,b = 1,1
        for i in range(n - 1):
            a,b = b,a + b
    return a

>>> print(fib(7))
```

    A. 5　　　　　　B. 8　　　　　　C. 13　　　　　　D. 21

28. 以下描述错误的是(　　)。

　　A. 函数也是数据

　　B. 函数名称不能赋值给其他变量

　　C. 函数定义语句可以被执行

　　D. 函数主要通过接口与外部数据传递信息

29. 针对下面代码,以下描述错误的是(　　)。

```
def f(n):
    s = 1
    for i in range(1,n + 1):
        s *= i
    return s
```

　　A. 代码中 n 是可选参数

　　B. 该函数功能为求 n 的阶乘

　　C. s 是局部变量

　　D. range( )函数是 Python 内置函数

30. 关于 return 语句,以下描述正确的是(　　)。

　　A. 函数中必须有一个 return 语句

　　B. 函数中最多有一个 return 语句

　　C. return 语句只能返回一个值

　　D. 函数中可以没有 return 语句

二、判断题

1. 函数中,形参与实参的值不能相互传递。

2. 函数内部既可以使用 global 保留字声明使用外部全局变量,也可以使用 global 保留字直接定义全局变量。

3. 全局变量会增加不同函数之间的潜在关联,从而降低代码可读性,因此应尽量避免过多使用全局变量。

4. lambda 表达式中可以使用任意复杂的表达式,但是只能编写一个表达式。

5. 定义 Python 函数时,如果函数中没有 return 语句,则默认返回空值 None。

6. 函数内部定义的局部变量当函数调用结束后被自动删除。

7. a = lambda b:5 不是一个合法的赋值表达式。

8. 一个函数如果带有默认值参数,那么所有参数都要设置默认值。

9. 调用函数时,可以通过关键参数的形式进行数值传递,从而避免必须记住函数形参顺序的麻烦。

10. 形参可以理解是函数内部的局部变量,函数运行结束之后形参就不能访问了。

11. 同一个作用域内,局部变量会隐藏同名的全局变量。

12. 函数中的 return 语句一定能够被执行。

13. 不能使用 lambda 表达式定义有名字的函数。

14. 在函数内部没有任何声明的情况下直接为某个变量赋值,这个变量一定是函数内部的局部变量。

15. 函数是代码复用的一种方式。

16. 定义函数时,某个参数名字前面带有一个 * 符号表示可变长度参数,可以接收任意多个普通实参并存放于一个元组之中。

17. 函数内部不能定义全局变量,只能定义局部变量。

18. 定义函数时,即使该函数不需要接收任何参数,也必须保留一对空的圆括号来表示这是一个函数。

19. 调用函数时传递的实参个数必须与函数形参个数相等才行。

20. 函数内部直接修改形参的值并不影响外部实参的值。

三、填空题

1. 已知 m＝lambda x：50,那么表达式 m(3)的值为_____。

2. 已知 m＝lambda x：50＊4,那么表达式 m(3)的值为_____。

3. 在函数内部可以通过保留字_____定义全局变量。

4. 已知 g＝lambda x,y＝3,z＝5：x＋y＋z,那么表达式 g(2) 的值为_____。

5. 可以使用保留字_____定义函数。

6. 可以使用保留字_____定义空函数。

7. 函数被调用时传递的参数叫作_____。

8. 函数调用时需要按顺序输入参数,有些参数的数量无法确定,可以通过在这些参数前面加_____符号表示不确定的参数。

9. 变量作用域分为_____变量和_____变量两种。

10. 实参与形参在个数、类型、顺序上必须_____。

第7章 习 题

一、选择题

1. 以下不是 Python 语言对文件读取操作方法的是( )。
   A. read()　　　　　　B. readline()　　　　C. readall()　　　　D. readtext()
2. 以下关于 Python 语言文件操作的描述中,正确的是( )。
   A. 对文件的操作必须先关闭文件
   B. 对文件的操作必须先打开文件
   C. 对文件操作无顺序要求
   D. 对文件操作前必须先测试文件是否存在,然后再打开文件
3. 如果需要打开一个已经存在的非空文本文件 text 并进行修改,正确的打开方式是( )。
   A. f=open('text','r')　　　　　　B. f=open('text','ab+')
   C. f=open('text','w+')　　　　　D. f=open('text','r+')
4. 在 Python 语言中,文件操作的一般步骤是( )。
   A. 打开文件→操作文件→关闭文件
   B. 操作文件→修改文件→关闭文件
   C. 读写文件→打开文件→关闭文件
   D. 读文件→写文件→关闭文件
5. 以下描述错误的是( )。
   A. 程序结束时,应当用 close() 方法关闭已经打开的文件
   B. 向文本文件追加内容时可以用'w'模式打开
   C. 使用 open() 函数时,明确指定使用'r'模式和不指定任何模式的参数的效果是一样的
   D. 使用 open() 函数时,'+'参数可以与其他模式的参数一起使用
6. 已知 D 盘根目录下有一个文件 file.txt,若程序需要先从 new.txt 文件中读出数据,修改后再写入 file.txt 文件中,则最合适的打开文件方式是( )。
   A. fp=open('d:\\new.txt')　　　　　B. fp.open('d:\\new.txt','r+')
   C. fp=open('d:\new.txt','r+')　　　 D. fp= open('d:\new.txt','a+')
7. 以下选项可用于文件定位的是( )。
   A. open　　　　　B. write　　　　　C. seek　　　　　D. read
8. 既可以向一个二进制文件读出数据,又可以向该文件末尾写入新数据,正确的操作模式是( )。

A. a 　　　　　B. ab+ 　　　　　C. rb+ 　　　　　D. wb+

9. 以下描述错误的是(　　)。
   A. Python 语言的文件处理方式分为文本方式和二进制方式两种
   B. 使用 open()函数可以打开一个文件
   C. 以文本方式打开文件时,读写操作将按字节流方式
   D. 使用 close()关闭文件

10. 以下选项中不能打开 Python 文件的模式是(　　)。
    A. a+ 　　　　　B. b+ 　　　　　C. c+ 　　　　　D. r+

11. 以下描述错误的是(　　)。
    A. 二进制创建写模式 rb 　　　　　B. 二进制追加写模式 ab
    C. 文本只读模式 rt 　　　　　　　D. 文本覆盖写模式 wt

12. 关于 Python 文件的'+'打开模式,以下选项正确的是(　　)。
    A. '+'可与其他模式一起使用,在原功能基础上增加读写功能
    B. 'x'表示可以向文件追加写模式
    C. 'a+'表示可以创建写模式,如果文件不存在则无法操作
    D. 'w'模式针对已经存在的文件进行操作则返回异常错误信息

13. 以下描述错误的是(　　)。
    A. 字典类型的数据可以表示高维数据
    B. 高维数据通常由键值对类型的数据构成
    C. 一维数据对应于数学中的数组和集合的概念
    D. 数据组织存在维度,分别是一维、二维和多维数据

14. 表格对应的数据维度是(　　)。
    A. 一维数据 　　B. 二维数据 　　C. 高维数据 　　D. 多维数据

15. 列表对应的数据维度是(　　)。
    A. 一维数据 　　B. 二维数据 　　C. 高维数据 　　D. 多维数据

16. 列表 a=['apple',100,'pear',200]中包含两种数据类型,则 a 的数据维度是(　　)。
    A. 一维数据 　　B. 二维数据 　　C. 高维数据 　　D. 多维数据

17. 以下不是 Python 文件操作的相关函数的是(　　)。
    A. read() 　　　B. load() 　　　C. open() 　　　D. write()

18. 以下不是 Python 文件操作的相关函数的是(　　)。
    A. read() 　　　B. readline() 　　C. write() 　　D. writeline()

19. 以下不是 Python 文件合法的打开模式的是(　　)。
    A. 'r+' 　　　　B. 'br+' 　　　　C. 'wr' 　　　　D. 'bw'

20. (　　)不是 Python 语言二进制文件合法的打开模式。
    A. 'b' 　　　　　B. 'bx' 　　　　C. 'x+' 　　　　D. 'bw'

21. 关于 close()方法,描述正确的是(　　)。
    A. 文件处理结束后,必须用 close()方法关闭文件
    B. 如果文件能够正常结束,不用 close()方法关闭文件也可以,程序退出时默认关闭

C. 文件处理严格遵循打开文件→操作文件→关闭文件过程

D. 如果文件以只读方式打开,可以不用 close()方法关闭文件

22. 关于 CSV 格式文件,描述正确的是(　　)。

A. CSV 文件以英文逗号分隔元素

B. CSV 文件以英文空格分隔元素

C. CSV 文件以英文分号分隔元素

D. CSV 文件以英文特殊符号分隔元素

23. 关于 CSV 格式文件,描述错误的是(　　)。

A. 可将一个 CSV 格式文件理解为一个二维数据

B. CSV 格式文件可以包含二维数据的表头信息

C. CSV 格式文件可以通过多种编码表示字符

D. 无论是一维还是二维数据都可以用 CSV 格式文件存储

24. 关于 CSV 格式文件,描述错误的是(　　)。

A. CSV 格式文件是一种应用于程序之间转移表格数据的通用格式文件

B. CSV 格式文件的每一行是一维数据

C. CSV 格式文件的每一行均采用逗号分隔多个元素

D. CSV 格式文件是存储二维数据的唯一方式

25. 关于 CSV 格式文件,描述正确的是(　　)。

A. 扩展名只能是.csv　　　　　　　B. 扩展名只能是.txt

C. 扩展名只能是.dat　　　　　　　D. 扩展名任意

26. 针对字节数较大的文件,描述正确的是(　　)。

A. 选择内存大的计算机,一次性读入没问题

B. Python 语言功能强大,不用特别关心上述问题

C. Python 无法处理特别大的数据文件

D. 使用遍历方法,采用分行读入、逐行处理的方法更好

27. 当前文件在 F 盘根目录中,路径描述错误的是(　　)。

A. F:\\f.txt　　　B. F:\f.txt　　　C. F://f.txt　　　D. F:/f.txt

28. 使用 open()函数打开一个不存在的文件,描述正确的是(　　)。

A. 一定会报错

B. 根据文件类型不同,可能不会报错

C. 不存在的文件无法被打开

D. 如果文件不存在,则创建该文件

29. 能够读取 CSV 格式文件的操作是(　　)。

A. f=open('a.csv')　　　　　　　B. f=open('a.csv','w')

C. f=open('a.csv','x')　　　　　　D. f=open('a.csv','a')

30. 若某个一维数据各元素没有顺序,以下描述错误的是(　　)。

A. 可用列表类型描述这个无序的一维数据

B. 可用集合类型描述这个无序的一维数据

C. 可用字典类型描述这个无序的一维数据

D. 可用任意类型描述这个无序的一维数据

二、填空题

1. Python 语言能够处理的文件类型是_____和_____。
2. writelines()方法能处理的操作对象是_____。
3. 如果文件以文本形式打开,返回_____,否则返回_____。(填字节流/字符串)
4. 使用 seek()函数可以改变文件指针的位置,如果指向当前位置,则函数里面的参数应该选用_____。
5. 数据是有维度的,可将数据分为_____数据、_____数据和_____数据。
6. 有序的一维数据可用_____数据类型描述;无序的一维数据可用_____数据类型描述;二维数据可用_____数据类型描述;字典类型可以描述_____维度数据。
7. 高维数据的表示与存储通常采用_____格式。它是一种轻量级的数据交换格式,易于阅读和理解。
8. 为了描述数据间更加复杂的关系,通过使用键值对描述。当多个键值对放在一起时,应当遵循如下一些约定:键值对之间由_____符号分隔;_____符号用于保存键值对数据组成的对象;_____符号用于保存键值对数据组成的数组。
9. 如果以写入方式打开一个不存在的文件,会_____。
10. 读取整个文件的方法是_____,逐行读取文件的方法是_____。
11. 对文本文件使用 wirte()方法时,write()的参数必须是_____类型。
12. 对于一个非空文件连续执行两次 read()方法,第二次返回的结果是_____。
13. 对于一个多行文本文件执行 readlines()方法后,列表中_____(填包含/不包含)换行符\n。
14. 二进制文件与文本文件最主要的区别在于_____。
15. f.seek(0)中的参数"0"表示_____,如果换作参数"2"表示_____。

三、判断题

1. 键值对通常用于描述更加复杂的多维数据之间的关系。
2. 在打开文件时,路径的写法有绝对路径和相对路径两种。
3. 当文件以二进制形式打开时,读写按照字符串方式。
4. 'w'、'a'、'x'均为写模式,它们都可以与'b'模式结合一起使用。
5. 对于二维数据,既可以按行也可以按列进行存储,通常的索引习惯是先行后列获取某个想要的元素。
6. 在使用 CSV 格式数据时,逗号分隔符要使用英文半角标点符号,逗号与数据间允许存在额外的空格。
7. CSV 格式数据可以理解为纯文本格式,通过单一编码表示字符。
8. 要想替换掉从 csv 文件里读出的一行字符串 str 的行尾标点和回车符,可以使用如下语句:str.replace("\n","")。
9. 采用特殊字符"%"可以分隔含有同样符号但并不是以该符号结尾的一维数据。
10. 如果想遍历二维数据的每一个元素,可以采用双层 for 循环的方式。

第8章 习　题

一、选择题

1. 关于 wordcloud 库的描述,正确的是(　　)。
   A. 可以独立安装,无须安装其他数据库作为支撑
   B. 在默认的情况下,可以对中文词汇生成词云
   C. 一个文本有或没有空格或标点等分隔符处理的效果是一样的
   D. wordcloud 库的核心是 WordCloud 类

2. wordcloud 库中常用参数 mask 的功能是(　　)。
   A. 指定字体文件的完整路径
   B. 生成图片的高度
   C. 生成词云的形状,默认为长方形
   D. 词云中最大的词数

3. wordcloud 类的 generate() 方法的功能是(　　)。
   A. generate(text)将 text 文本生成词云
   B. generate(text)在 text 路径中生成词云
   C. generate(text)生成词云的高度为 text
   D. generate(text)生成词云的宽度为 text

4. 关于 wordcloud 对象创建的常用参数 font_path 的功能,以下描述错误的是(　　)。
   A. 默认为微软雅黑   B. simhei.ttf 表示黑体
   C. simsun.ttc 表示新宋体   D. 指定字体文件的完整路径

5. wordcloud 对象创建的常用参数 stopwords 的功能是(　　)。
   A. 字号之间的步长间隔值
   B. 词语水平出现的频率
   C. 设置屏蔽词,屏蔽词将不在词云中显示
   D. 词云中最大的词数

6. wordcloud 类的 to_file() 方法的功能是(　　)。
   A. to_file(filename)将词云图保存为名为 filename 的文件
   B. to_file(filename)在 filename 路径下生成词云
   C. to_file(filename)设置生成词云的字体为 filename
   D. to_file(filename)设置生成词云的形状为 filename

7. 使用 pyinstaller 库对 Python 源文件打包的基本使用方法是(　　)。
   A. pip -h   B. pyinstaller <源程序文件名>

C. pip install <拟安装的文件名>   D. 必须指定图标文件才能打包

8. 安装一个第三方库的命令是(　　)。
    A. pip -h   B. pyinstaller <拟安装库名>
    C. pip install <拟安装库名>   D. pip download <拟安装库名>

9. 列出当前系统已经安装的所有第三方库的命令是(　　)。
    A. pip list   B. pip -h
    C. pip show <拟查询的库名>   D. pip search <拟查询的库名>

10. 列出某个已经安装的第三方库详细信息的命令是(　　)。
    A. pip list   B. pip -h
    C. pip show <拟查询的库名>   D. pip search <拟查询的库名>

11. 关于jieba库的精确模式分词,以下描述正确的是(　　)。
    A. 把每一个句子精确地切分开,不存在冗余单词,适合文本分析
    B. 把每一个句子中所有可能形成的词语信息都扫描出来,速度非常快,可能会形成冗余信息,不能消除歧义
    C. 适合用于搜索引擎分词
    D. 在初次分词基础上,对长词再次切分,提高召回率

12. 关于jieba库的全模式分词,以下描述正确的是(　　)。
    A. 把每一个句子精确地切分开,不存在冗余单词,适合文本分析
    B. 把每一个句子中所有可能形成的词语信息都扫描出来,速度非常快,可能会形成冗余信息,不能消除歧义
    C. 适合用于搜索引擎分词
    D. 在手工分词基础上,对长词再次切分,提高召回率

13. 以下描述正确的是(　　)。
    A. 针对中文文本分词,不需要对文本进行分词处理,可直接调用WordCloud库函数进行处理
    B. 对于一段英文,虽然采用split()方法就可以提取其中的单词,但是使用jieba库更有效
    C. 由于jieba库适合处理中文字符类型,因此无论采取哪种处理模式返回值均为字符类型数据
    D. 在安装WordCloud库时,SciPy库会被作为依赖库自动安装

14. 以下描述错误的是(　　)。
    A. 对于一段英文,采用split()方法就可以提取其中的单词,无须使用jieba库
    B. 使用WordCloud库默认处理的英文字符,如果将中文字体生成为词云,必须使用font_path参数设置中文字体
    C. jieba库只能对已有词汇进行分词处理,对于外来语和网络用语则无法识别和添加
    D. 针对一段中文文本可以将WordCloud库和jieba库联合起来使用

15. 以下描述错误的是(　　)。
    A. pip download <拟下载的第三方库>命令的功能是下载第三方库,但是并不安装

B. pip list <拟显示的第三方库>命令的功能是显示某个已安装的库的详细信息，包括库名称、版本号、作者、位置、作者邮箱等信息

C. 自定义安装是指用户根据系统提示信息，按照相关操作步骤和方式根据自身需求有选择地安装相关第三方库的代码及文档等资源

D. PiP 工具默认从网络上下载要安装的第三方库，并自动安装到系统中

16. 涉及网络爬虫的第三方库是（　　）。
 A. NumPy　　　　B. Beautifulsoup4　　C. Scrapy　　　　D. SciPy

17. 不涉及数据分析的第三方库是（　　）。
 A. NumPy　　　　B. Pandas　　　　C. plotly　　　　D. SciPy

18. 不涉及文本处理的第三方库是（　　）。
 A. pdfminer　　　B. openpyxl　　　C. Python-docx　　D. wxPython

19. 不涉及数据可视化的第三方库是（　　）。
 A. Beautifulsoup4　B. Matplotlib　　　C. TVTK　　　　D. mayavi

20. 不涉及用户图形界面方向的第三方库是（　　）。
 A. PyQt5　　　　B. openpyxl　　　C. wxPython　　　D. PyGTK

21. 不涉及机器学习方向的第三方库是（　　）。
 A. scikit-learn　　B. TensorFlow　　C. Theano　　　　D. xyPython

22. 不涉及 Web 开发方向的第三方库是（　　）。
 A. Django　　　　B. TensorFlow　　C. Pyramid　　　D. Flask

23. 不涉及游戏开发方向的第三方库是（　　）。
 A. WeRoBot　　　B. Pygame　　　　C. Panda3D　　　D. Cocos2d

24. 涉及计算机代数系统的第三方库是（　　）。
 A. PIL　　　　　B. MyQR　　　　C. NLTK　　　　D. SymPy

25. 涉及自然语言处理的第三方库是（　　）。
 A. PIL　　　　　B. MyQR　　　　C. NLTK　　　　D. SymPy

26. 能够产生各种二维码的第三方库是（　　）。
 A. PIL　　　　　B. MyQR　　　　C. NLTK　　　　D. SymPy

27. 如果需要处理图像，应该使用（　　）库。
 A. PIL　　　　　B. MyQR　　　　C. NLTK　　　　D. SymPy

28. 以下不是 pip 合法命令的是（　　）。
 A. update　　　　B. install　　　　C. hash　　　　D. help

29. 使用 PyInstaller 打包程序时，想要在 dist 文件夹中只生成一个单独的 .exe 文件，可以使用的参数是（　　）。
 A. -v　　　　　B. -h　　　　　C. -F　　　　　D. -D

30. 关于 pip 安装方式的说法错误的是（　　）。
 A. pip 工具几乎可以安装任何 Python 语言的第三方库
 B. pip 可以安装已经下载的 .whl 安装文件
 C. Python 共有三种安装方式，其中 pip 是最常用的方式
 D. pip 中的 download 子命令可以下载并安装该库

31. 关于jieba库的描述错误的是(　　)。
    A. jieba是一个中文分词的第三方库
    B. jieba库是基于概率进行分词的方法
    C. 除了分词功能,jieba库还提供自定义中文词组的功能
    D. jieba库有三种模式,分别为模糊、精确和全模式

32. jieba库搜索引擎模式分词的目的是(　　)。
    A. 精确地切分句子,用于文本分析
    B. 对长词再次切分,提高召回率
    C. 提高切分速度,消除歧义
    D. 扫描所有短语

33. 关于PyInstaller库的描述正确的是(　　)。
    A. 添加Python文件使用的第三方库路径
    B. 指定代码所在文件目录
    C. 指定生成可执行文件的目录
    D. 指定PyInstaller库所在的目录

34. jieba.lcut()函数的返回值是(　　)。
    A. 字符串　　　B. 列表　　　C. 元组　　　D. 集合

35. 关于PyInstaller库的描述错误的是(　　)。
    A. 它用于将Python程序打包成可执行文件
    B. -clean参数用于清理打包过程中的临时文件
    C. 它使用起来非常方便,可在IDLE环境下直接输入相关命令
    D. -D参数的作用是生成dist目录

36. 使用PyInstaller库打包含有中文字符的代码文件时,以下描述正确的是(　　)。
    A. 只能使用UTF-8编码格式
    B. 可以使用UTF-8编码,也可以使用ANSI编码格式
    C. 可以使用任何合法的编码格式
    D. 必须使用汉字编码格式

37. 涉及用户图形界面的第三方库是(　　)。
    A. Scrapy　　　B. PyQt5　　　C. Django　　　D. Cocos2d

38. 用于游戏开发的第三方库是(　　)。
    A. Scrapy　　　B. PyQt5　　　C. Django　　　D. Cocos2d

39. 用于Web开发的第三方库是(　　)。
    A. Scrapy　　　B. PyQt5　　　C. Django　　　D. Cocos2d

40. 用于解析和处理HTML的第三方库是(　　)。
    A. Scrapy　　　B. PyQt5　　　C. Beautifulsoup4　　　D. Cocos2d

二、填空题

1. Python语言安装第三方库的方法有_____、_____、_____。
2. jieba库的功能是用于_____的第三方库。
3. WordCloud是一个用于_____的第三方库。

4. 利用 WordCloud 库生成中文词云,必须使用_____参数指定中文字体。

5. 如果想排除某些词,可用 WordCloud 库中的_____参数。

6. requests 库是用于_____方向的第三方库。

7. Pandas 库是用于_____方向的第三方库。

8. PIL 库是用于_____方向的第三方库。

9. Matplotlib 库是用于_____方向的第三方库。

10. scikit-learn 是面向_____方向的第三方库。

三、判断题

1. PyInstaller 库是一个将多种语言打包成可执行文件的第三方库。

2. PyInstaller 库在使用时支持源文件中的英文句号(.)等标点符号。

3. 使用 pip 命令安装第三方库时会发生在下载文件后无法在 Windows 系统安装,导致第三方库安装失败的问题。

4. NumPy 作为第三方库用于处理科学计算。

5. PIL 库用于处理图像,为了使处理后图片效果更富有层次变化,有时需要导入 NumPy 库。

6. Matplotlib 库中的 pyplot 子库函数无法使用 import 导入,可以直接使用。

7. pip 的 download 子命令具有下载和安装第三方库的作用。

8. 自定义安装一般适合于 pip 中尚无登记或安装失败的第三方库。

9. 使用 pip uninstall 命令可以直接卸载某个第三方库,无须用户确认。

10. 使用 pip install 的 -u 标签可以更新已经安装某个第三方库的版本。

综合测试题

（考试时间：120 分钟，满分：100 分）

说明：该套综合测试题适合用于期末测试，难度比全国二级考试略低，更注重基础知识。

一、单选题（每题 1 分，共 20 分）

1. 如果从 turtle 库中导入 fd() 函数，下列语句中不能使用的是（   ）。
   A. from fd import turtle   B. from turtle import fd
   C. import turtle   D. from turtle import *

2. 关于 eval() 函数，描述错误的是（   ）。
   A. 如果用户希望输入一个数字，并且在程序中对这个数字进行计算，可以采用 eval
      (input(<输入提示字符串>))的形式
   B. eval() 函数是 Python 的一个内置函数
   C. type(eval("789"))的执行结果是< class 'str'>
   D. type(eval("[11,22,33,44]"))的执行结果是< class 'list'>

3. 下列代码执行后的输出结果是（   ）。

```
>>> x = 0
>>> y = True
>>> print(x > y and 'Python'<'Java')
```

   A. False   B. True   C. None   D. 系统报错

4. time 库中，返回系统当前本地时间戳对应的 struct_time 对象的函数是（   ）。
   A. time.time( )   B. time.gmtime( )
   C. time.localtime( )   D. time.ctime( )

5. 关于下面代码中的变量 m，以下描述正确的是（   ）。

```
f = open("西游记.txt","r")
for m in f:
    print(m)
f.close( )
```

   A. 变量 m 表示文件中的一个字符
   B. 变量 m 表示文件中的一行字符
   C. 变量 m 表示文件中的全体字符

D. 变量 m 表示文件中的一组字符组成的列表

6. 关于文件的打开模式,以下描述错误的是(　　)。

　　A. w 模式,打开一个文件只用于写入

　　B. rb 模式,以二进制形式打开一个文件用于只读

　　C. r+模式,以只读方式打开文件

　　D. a 模式,打开一个文件用于追加。如果文件存在,在文件的结尾写入数据;如果文件不存在,创建新文件进行写入

7. 给出如下代码:

```
d = {"姓名":"Mary","年龄":20,"性别":"Female","爱好":"swimming"}
```

以下语句能输出"swimming"的是(　　)。

　　A. print(d["爱好"])　　　　　　　　B. print(d.keys())

　　C. print(d["swimming"])　　　　　D. print(d.values())

8. random 库中用于从序列类型数据中返回一个随机数据的函数是(　　)。

　　A. random()　　B. choice()　　C. sample()　　D. randrange()

9. 关于 Python 的元组,以下描述错误的是(　　)。

　　A. 元组采用逗号和圆括号来表示

　　B. 一个元组可以作为另一个元组的元素

　　C. 元组一旦创建就不能被修改

　　D. 元组像列表一样可以插入新的元素

10. 以下不是 Python 语言第三方库的安装方法的是(　　)。

　　A. pip 工具安装　　B. 自定义安装　　C. 网页安装　　D. 文件安装

11. Python 语言中的数据元素之间不存在先后顺序关系的选项是(　　)。

　　A. 列表　　B. 元组　　C. 字符串　　D. 集合

12. 下列代码执行后的输出结果是(　　)。

```
list1 = [1,2,3]
list1.append([4,5])
print(len(list1))
```

　　A. 3　　B. 4　　C. 5　　D. 6

13. 下列语句不能建立字典的是(　　)。

　　A. d = {}　　　　　　　　　　　　B. d = {[1,2]:1,[3,4]:3}

　　C. d = {(1,2):1,(3,4):3}　　　　D. d = {'a':1,'b':3}

14. 不能完成对文件写操作的方法是(　　)。

　　A. write()　　　　　　　　　　　　B. writeline()

　　C. writelines()　　　　　　　　　D. seek()与 write()配合

15. 以下操作不合法的是(　　)。

　　A. a,b=b,a　　B. a=b=4　　C. a=(b=4)　　D. a=4;b=4

16. 以下不是注释符号的是(　　)。

  A. #   B. $ C. 三个单引号   D. 三个双引号

17. 下列代码执行后的输出结果是（   ）。

```
s = 1
while s <= 1:
    print('计数:',s)
    s = s + 1
```

  A. 计数：0   B. 计数：1   C. 计数：2   D. 报错

18. 给出如下代码：

```
def func(a,b):
    c = a ** 2 + b
    b = a
    return c
a = 10
b = 100
c = func(a,b) + a
```

以下描述错误的是（   ）。

  A. 执行该函数后，变量 c 的值为 200

  B. 该函数名称为 func

  C. 执行该函数后，变量 b 的值为 100

  D. 执行该函数后，变量 a 的值为 10

19. 下列代码执行后输出结果是（   ）。

```
words = 'Hello World!'
for i in words:
    if i == 'o':
        break
    print(i)
```

  A. Hello World!   B. Hell   C. H   D. 程序报错
                       e
                       l
                       l

20. 利用 pip 工具更新第三方库的子命令是（   ）。

  A. pip install   B. pip install -U pip

  C. pip update   D. pip unistall

二、判断题（每题 1 分，共 10 分）

1. CSV 文件中，采用空格分隔每行中的各列数据。

2. 对于列表 list1=["hi",12,"hello",20]，list1.pop(20)能将 list1 中最后一个元素删除。

3. 如果仅仅是用于控制循环次数，那么使用 for i in range(20)和 for i in range(10,30)

的作用是等价的。

4. 如果在函数中有语句 return 3,那么该函数一定会返回整数 3。
5. C 语言和 Python 语言都是静态语言。
6. 调用函数时传递的实参个数必须与函数形参个数相等才行。
7. PyInstaller 能够在多种操作系统平台下将 Python 源文件打包成可执行文件。
8. jieba 库函数 jieba.lcut(s)的功能是搜索引擎模式,返回一个列表类型的数据。
9. 输入 print(6+7j)命令,得到的输出结果是 6+7j。
10. round(3.5)的返回值是 4。

三、填空题(每空 1 分,共 10 分)

1. 5+6%7*2//4 的运算结果是_____。
2. "键值对"类型的数据维度是_____。
3. 文件分为文本文件和_____文件。
4. 在安装 wordcloud 库时,最重要的操作都封装在_____类中。
5. Python 语言通过_____来体现语句间的逻辑关系。
6. 定义函数 f = lambda x,y,z: pow(x,y,z),则 f(5,2,3)的值为_____。
7. 在循环结构的代码中,_____表示空语句,不做任何操作,一般只用作占位。
8. 写出下面代码的输出结果。

```
a = "python"
b = "excelent"
print("{:*>8}:{:%<10}".format(a,b))
```

输出结果_____:_____

9. 变量 a 和 b 已经赋值成功,使用一条语句将两个变量的值在一行进行交换的代码是_____。

四、程序填空题(每 2 分,共 20 分)

说明:请在画线处填入正确的内容,使程序得出正确的结果。不得增加行或删除行,也不能更改程序的结构或框架!

1. 计算并显示 s=2+4+6+…+2n 的值,其中 n 的值由用户输入。(所有的字母均为小写。)

```
n = eval(input("请输入 N 的值:"))
s = 0
a = 1
while _____:  (空 1)
    s = s + _____   (空 2)
    a = a + 1
print(s)
```

2. 利用 turtle 库的相关函数,绘制一个具有 12 个花瓣的图形,在空白处填充相关语句,使其完成相关功能。

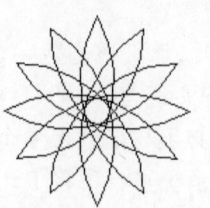

```
from turtle import *
_____ (空3)
for i in range(1,_____): (空4)
    circle(-90,90)
    right(_____)      (空5)
    end_fill
hideturtle()
```

3. 从键盘输入若干个数,求所有正数之和。当输入 0 或负数时,程序结束。

```
S = 0
while _____ (空6):
    x = eval(input("输入一个正整数:"))
    if _____ (空7)
        break
    s = s + x
print("s = ",s)
```

4. 字典 d 中存储了某校六年组各年级获得优秀学生称号的学生姓名及其所在的班级,请统计并输出各个班级获得优秀学生的学生数量。

```
d = {"李海":"六年一班","张果":"六年一班","王云":"六年二班","赵光":"六年三班","钱同":"六年三班","王亮":"六年一班"}
ls = _____       (空8)
newd = {}
for word in ls:
    if word in newd:
        _____ (空9)
    else:
        _____ (空10)
for k in newd:
    print("{}:{}".format(k,newd[k]))
```

五、编写代码解决实际问题(每题 10 分,共 40 分)

1. 编写代码自定义一个函数,其功能是每次调用该函数,根据用户输入数据的个数,显示不同的行数,每一行显示结果都是用户喜欢的奶茶种类。

输入输出示例 1:
输入:milktea("珍珠")
输出:

```
我喜欢的奶茶有：
珍珠

输入输出示例2：
输入:milktea("珍珠","香蕉")
输出：
我喜欢的奶茶有：
珍珠
香蕉
```

2. 从键盘任意输入十个英文单词，输出其中以元音字母开头的单词。

3. 通过键盘输入一个字符串，如果该字符串中包含数字字符，则要求用户再次输入，直至满足条件并输出该字符串。

4. 下面是数据采集文件 data.txt 的一部分。其中每行表示用空格分隔的日期、时间、温度和湿度，其中温度位于第 3 列。请统计并输出该文件中温度部分的平均值，并保留两位小数。

```
2020-01-10    02:23:35    18.3024 36.1267
2020-01-10    02:30:12    18.2304 37.0398
2020-01-10    02:32:40    18.5712 36.9125
  ...
```

第3部分

二级考试大纲及模拟试卷

全国计算机等级考试二级Python语言程序设计考试大纲(2019版)

【基本要求】

1. 掌握 Python 语言的基本语法规则。
2. 掌握不少于两个基本的 Python 标准库。
3. 掌握不少于两个 Python 第三方库,掌握获取并安装第三方库的方法。
4. 能够阅读和分析 Python 程序。
5. 熟练使用 IDLE 开发环境,能够将脚本程序转变为可执行程序。
6. 了解 Python 计算生态在以下方面(不限于)的主要第三方库名称:网络爬虫、数据分析、数据可视化、机器学习、Web 开发等。

【考试内容】

一、Python 语言基本语法元素

1. 程序的基本语法元素:程序的格式框架、缩进、注释、变量、命名、保留字、数据类型、赋值语句、引用。
2. 基本输入输出函数:input()、eval()、print()。
3. 源程序的书写风格。
4. Python 语言的特点。

二、基本数据类型

1. 数字类型:整数类型、浮点数类型和复数类型。
2. 数字类型的运算:数值运算操作符、数值运算函数。
3. 字符串类型及格式化:索引、切片、基本的 format() 格式化方法。
4. 字符串类型的操作:字符串操作符、处理函数和处理方法。
5. 类型判断和类型间转换。

三、程序的控制结构

1. 程序的三种控制结构。
2. 程序的分支结构:单分支结构、二分支结构、多分支结构。
3. 程序的循环结构:遍历循环、无限循环、break 和 continue 循环控制。
4. 程序的异常处理:try…except。

四、函数和代码复用

1. 函数的定义和使用。

2. 函数的参数传递：可选参数传递、参数名称传递、函数的返回值。
3. 变量的作用域：局部变量和全局变量。

五、组合数据类型

1. 组合数据类型的基本概念。
2. 列表类型：定义、索引、切片。
3. 列表类型的操作：列表的操作函数、列表的操作方法。
4. 字典类型：定义、索引。
5. 字典类型的操作：字典的操作函数、字典的操作方法。

六、文件和数据格式化

1. 文件的使用：文件打开、读写和关闭。
2. 数据组织的维度：一维数据和二维数据。
3. 一维数据的处理：表示、存储和处理。
4. 二维数据的处理：表示、存储和处理。
5. 采用 CSV 格式对一维和二维数据文件的读写。

七、Python 计算生态

1. 标准库：turtle 库（必选）、random 库（必选）、time 库（可选）。
2. 基本的 Python 内置函数。
3. 第三方库的获取和安装。
4. 脚本程序转变为可执行程序的第三方库：PyInstaller 库（必选）。
5. 第三方库：jieba 库（必选）、wordcloud 库（可选）。
6. 更广泛的 Python 计算生态，只要求了解第三方库的名称，不限于以下领域：网络爬虫、数据分析、文本处理、数据可视化、用户图形界面、机器学习、Web 开发、游戏开发等。

【考试方式】

上机考试，考试时长 120 分钟，满分 100 分。

1. 题型及分值

单项选择题 40 分（含公共基础知识部分 10 分）。操作题 60 分（包括基本编程题和综合编程题）。基本编程题共三道，每道题 5 分；综合编程题共三道，分别为 10、15 和 20 分。

2. 考试环境

Windows 7 操作系统，建议 Python 3.X 版本，IDLE 开发环境。

模拟试卷 I

一、选择题(共 40 分,每题 1 分)

1. 以下关于函数的描述,正确的是(　　)。
   A. 可以使用保留字 del 定义函数,函数名由用户自行定义
   B. 局部定义的某个函数,不能被其他函数调用并使用
   C. 调用函数时,按可选参数传递数据,可选参数传递位置没有明确要求
   D. 调用函数时,按名称传递数据,各参数传递顺序有明确要求

2. 下面程序段被执行后,输出的结果是(　　)。

```
def  sport(action = None):
    if action  is  None:
        action = [ ]
    action.append('jump')
    return action
sport()
sport()
print(sport(['look']))
```

   A. ['look', 'jump']　　　　　　　　B. ['look', 'jump', 'jump']
   C. ['jump']　　　　　　　　　　　　D. ['look']
      ['jump']
      ['look', 'jump']

3. 下面程序段被执行后,输出的结果是(　　)。

```
a = [ ]
b = 5
def c(b):
    a.append(b)
    b = 8
c(b)
print('a = {},b = {}'.format(a,b))
```

   A. a=[5],b=8　　　　　　　　　　　B. a=[8],b=5
   C. a=[5],b=5　　　　　　　　　　　D. a=5,b=5

4. 字典 D 定义如下:D={'苹果':'apple','桔子':'orange','桃子':'peach','柠檬':'lemon'}。

以下选项能输出的信息包括"lemon"的选项是(　　)。
   A. print(D[2])   B. print(D.keys())
   C. print(D.values())   D. print(D['lemon'])

5. 下面程序段被执行后,输出的结果是(　　)。

```
list = [[9,8,7],[6,5,4],[3,2,1]]
sum = 0
for c in list:
    for d in range(3):
        sum = sum + c[d]
print(sum)
```

   A. 0   B. 45
   C. 24   D. 以上答案均不对,程序出错

6. 下面代码的输出结果是(　　)。

```
dict = {'苹果':'红色';'桔子':'黄色';'桃子':'粉色';'香瓜':'绿色'}
print(dict['香瓜'],dict.get('香瓜','白色'))
```

   A. 绿色　白色   B. 绿色　绿色   C. 绿色　红色   D. 绿色　黄色

7. 下面代码的输出结果是(　　)。

```
list = [12,0,2,48,89]
print(list.pop(1),len(list))
```

   A. 12　5   B. 12　4   C. 0　5   D. 0　4

8. 下面程序段被执行后,输出的结果是(　　)

```
d = {'phy':8,'mus':5,'com':6,'JE':4}
print(d.pop(max(d.keys()),0))
```

   A. 4   B. 6   C. 7   D. 8

9. 以下说法正确的是(　　)。
   A. Python语言注释语句不被执行
   B. Python语言只有单行注释
   C. Python语言有单行和多行注释,它们只能以"#"开头
   D. Python语言的注释被CPU执行后不占内存

10. 下面代码的输出结果是(　　)。

```
m = 2019.49
print(type(m))
```

   A. < class 'int'>   B. < class 'bool'>
   C. < class 'float'>   D. < class 'complex'>

11. 以下（   ）用于程序间交换数据。
    A. Pandas   B. NumPy   C. Matplotlib   D. JSON
12. 关于异常的描述，正确的选项是（   ）。
    A. 异常与错误的含义及处理方法相同
    B. 异常发生后经过妥善处理依然能正确执行
    C. 异常不可以预见，只能见招拆招
    D. 异常处理时，能用的保留字只有 try 和 except
13. 关于 import 引用，描述正确的选项是（   ）。
    A. 执行 import turtle 库后，采用 turtle.setup()方法调用该函数是错误的
    B. 如果引用 math 库可以使用 from math import math
    C. 使用 import turtle as t 引入 turtle 库，取别名为 t
    D. 使用 turtle 库的 circle()函数，可用 import circle from turtle
14. 文件 file.csv 里的内容如下。

```
1,苹果,45
2,桃子,78
3,桔子,56
```

下面程序段被执行后，输出的结果是（   ）。

```
f = open('file.csv','r')
print(f.readlines())
```

A. 输出三行字符串数据
B. 输出三行列表数据，每行列表数据里面有一个字符串元素
C. 输出一行列表数据，里面包括一个字符串元素
D. 输出一行列表数据，里面包括三个字符串元素

15. 以下（   ）是 Python 语言标准的时间库。
    A. time   B. datetime   C. datatime   D. calender
16. 以下说法描述正确的是（   ）。
    A. Python 是网络通用语言
    B. Python 既面向过程也面向对象
    C. Python 是专用语言
    D. Python 是静态语言
17. 以下说法描述正确的是（   ）。
    A. 1011b 表示一个二进制数
    B. divmod(a,b)的运算结果是两个整数：a 除 b 的整数商以及两者相除后的余数
    C. 运算符＋、－、＊、/ 等跟赋值符号 ＝ 相连，形成增量赋值运算符
    D. 函数 upper(x)是将字符串 x 的首字母大写
18. 以下关于 if 语句的描述错误的是（   ）。
    A. 系统可以执行语句 if 1

B. if 条件不满足情况下要执行的语句块,放在 else 语句后面

C. if 条件满足情况下要执行的语句块,要放在 if 语句后面,并缩进

D. 分支结构中的判断条件只能是产生 True 或 False 的表达式或函数

19. 文件 data.txt 在当前程序所在目录内,其内容是一段文本:data。下列程序段执行后,输出的结果是(　　)。

```
f = open('data.txt','r')
print(f)
f.close()
```

A. txt   B. data.txt

C. data   D. 以上答案都不对

20. 如果当前时间是 2019 年 9 月 28 日 13 点 05 分 53 秒,则下面代码的输出结果是(　　)。

```
import time
print(time.strftime("%Y-%m-%d@%H>%M>%S",time.gmtime()))
```

A. True@True   B. 2019=09-28@13>5>53

C. 2018=09-28 13>5>53   D. 2019=09-28@13>05>53

21. 下面代码执行后的正确输出结果是(　　)。

```
a = 5
a = 5 if a>5 else 6
print(a)
```

A. 5   B. 6

C. a>5   D. 以上结果都错误

22. 能够让下列程序正确执行的选项是(　　)。

```
while True:
    s = input("请您输入一个整数:")
    if len(s):
        break
    else:
        print(s)
```

A. 输入一个回车   B. 输入一个字符

C. 输入一个整数   D. 输入一个字符串

23. 下面代码执行后输出结果的行数是(　　)。

```
list = [4,0,0,12]
a = 500
try:
    for i in list:
```

```
        b = 500//i
        print(b)
except:
    print('error')
```

A. 1　　　　　B. 2　　　　　C. 3　　　　　D. 4

24. 假设 a='python',b='python 语言',k=0。以下各个选项代码执行后,k=0 的是( )。

A.
```
if b > a:
    k = 1
print(k)
```

B.
```
if b.count('y')>=1:
    k = 1
print(k)
```

C.
```
if a in b:
    k = 1
print(k)
```

D.
```
if b in a:
    k = 1
print(k)
```

25. 以下( )是涉及文本处理方向的第三方库。
    A. requests　　B. TVTK　　C. Beautifulsoup4　　D. TensorFlow
26. 以下( )是正确的变量命名方式。
    A. _1949　　　B. 2019　　　C. raise　　　D. x+y
27. 下面代码执行后的正确输出结果是( )。

```
for i in '我爱你中国,祖国万岁!':
    if i == '国':
        continue
    print(i,end = '')
```

A. 我爱你中,祖万岁!　　　　　B. 我爱你中国,祖国万岁!
C. 我爱你中　　　　　　　　　D. 祖国万岁!

28. 已知s='我爱你中国,祖国万岁!'。以下选项执行后,系统没有显示信息的是(   )。

    A.

    print(s[2:8:2])

    B.

    print(s[-8:-2:2])

    C.

    print(s[-2:-8:2])

    D.

    print(s[2::2])

29. 以下关于open()函数各参数的说法正确的选项是(   )。
    A. 'b'为二进制模式,可以单独使用
    B. 'r'为只读模式,如果文件不存在,返回异常
    C. 'a'为追加写模式,文件存在,在原文件起始位置追加内容
    D. 'x'为创建写模式,文件存在,则在文件尾部直接写操作

30. 以下关于列表的描述错误的选项是(   )。
    A. 列表与字符串一样,有正向递增和反向递减两种表示方法
    B. 列表中元素个数不限,但数据类型必须一致
    C. 可以使用关系运算符对列表元素值进行大小比较
    D. 可以对列表数据进行求和、求长度、排序、切片等操作

31. 以下关于组合类型数据描述正确的是(   )。
    A. 利用d={}既可以创建字典也可以创建集合类型数据
    B. 在Python语言中,使用字典实现映射,通过整数索引来查找其中的元素
    C. 字典的items()函数返回一个键值对,并用元组表述空字典
    D. 字典中的键和值用冒号":"分隔,每个键值对之间用逗号","分隔

32. 以下程序执行后,不可能产生的结果是(   )。

```
import random
list = [1,2,3,4]
sum = 5
k = random.randint(0,2)
sum += list[k]
print(sum)
```

    A. 6   B. 7   C. 8   D. 9

33. 以下不属于Python语言pip工具命令的选项是(   )。

A. show	B. hash	C. get	D. wheel

34. 执行 round(4.5)后,显示结果是(　　)。
A. 4	B. 5	C. 4.5	D. 4.0

35. 以下程序执行后,能生成正确结果的是(　　)。

```
def f(x,y = 5,z = 3):
    pass
```

A. f(5,x=1,z=3)　　　　　　B. f(x=1,y=5,z=6)
C. f(1,,z=3)　　　　　　　　D. f(x=1,2)

36. 程序执行时,系统出现"SyntaxError：unexpected indent"错误提示信息,表示的是(　　)。
A. 方法名拼写错误　　　　　　B. 符号错误
C. 出现了未知的缩进　　　　　D. 类型错误

37. 关于 Python 语言全局变量和局部变量的描述,错误的选项是(　　)。
A. 使用全局变量前要用 globle 语句声明
B. 变量作用域包括全局变量和局部变量
C. 程序最开头定义的全局变量针对全过程均有效
D. 局部变量的作用域在函数体内

38. 给以下程序填空,使得输出到文件 a.txt 里的内容是 '90','87','93' 的选项是(　　)。

```
y = ['90','87','93']
ls = ''
with open("a.txt","w") as fo:
    for z in y:
        _____
        fo.write(ls.strip(","))
```

A. ls += "'{}'".format(z) + ','　　B. ls += "'{}'".format(z)
C. ls = ','.join(y)　　　　　　　　D. ls += '{}'.format(z) + ','

39. 以下关于字符串类型的操作的描述,正确的选项是(　　)。
A. 设 s='qqqq',则执行 s/4 的结果是 'q'
B. 使用字符串处理函数 len(s) 获取字符串 s 的长度
C. 把一个字符串 str 所有的字符都大写,用 upper(str)
D. str.isnumeric()方法把字符串 str 中数字字符变成数字

40. 设 str='pinetree',语句 print(str.center(12,*))的执行结果是(　　)。
A. pinetree** **
B. 提示 SyntaxError 语法错误信息
C. ****pinetree
D. ** pinetree **

二、程序设计题(60 分)

1. 完善以下代码。要求从键盘输入任意一个正整数 n,按要求把 n 输出到屏幕上。具体格式要求如下：宽度为 20 个字符，不足位以美元字符（$）填充，左对齐。如果输入正整数超过 20 位，则按照真实长度输出。（5 分）

输入输出示例：

```
输入：12345
输出：12345$ $ $ $ $ $ $ $ $ $ $ $ $ $ $
```

原始代码如下。

```
S = input()
print("{(空 1)}".format((空 2))
```

2．完善程序代码。设两个点 A、B 以及坐标分别为 A(x_1, y_1)、B(x_2, y_2)，则 A 和 B 两点之间的距离为：$|AB| = \sqrt{(x_1 - x_2)^2 + (y_1 - y_2)^2}$。请输入 4 个数字（用空格分隔），分别表示 x1、y1、x2、y2，计算距离（保留两位小数输出）。（5 分）

输入输出示例：

```
输入：1 2 3 4
输出：2.83
```

原始代码如下。

```
♯请在加粗序号处使用一行代码或表达式替换
♯注意：请不要修改其他已给出代码
a = input("")
(空 1)
x1 = eval(b[0])
y1 = eval(b[1])
x2 = eval(b[2])
y2 = eval(b[3])
r = pow(pow(x2 - x1, 2) + pow(y2 - y1, 2), (空 2))
print("(空 3)".format(r))
```

3．利用 random 随机库里的函数，生成一个由 5 个大小写字母组成的验证码，显示在屏幕上。（5 分）

输入输出示例：

```
输入：无
输出：AvRbc
```

原始代码如下。

```
♯在 ⋯ 处填写多行代码
♯不允许修改其他代码
import random as m
bm = 'AaBbCcDdEeFfGgHhIiJjKkLlMmNnOoPpQqRrSsTtUuVvWwXxYyZz'
```

```
m.seed(1)
...            #在此处用多行代码完善程序
print(code)
```

4. 使用 turtle 库的 turtle.fd()函数和 turtle.seth()函数绘制一个边长为 50px 的正十边形,参考编程模板,在横线处补充代码,不得修改其他代码。运行效果如下图所示。(10 分)

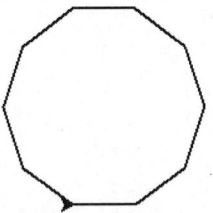

原始代码如下。

```
#请在加粗序号处填写一行代码或表达式
#最后请用 Print 输出你的结果,供系统评分.
import turtle
turtle.pensize(2)
d = 0
for i in range(1,(空1)):
    (空2)
    d += (空3)
    turtle.seth(d)
```

5. 有一个名为"原始.txt"的原始数据文档,要求利用中文分词 jieba 库,对"原始.txt"进行分词统计,将分词后的结果去重,并将字符长度大于 5 个的词写到"结果.txt"文件中。(15 分)

原始代码如下。

```
#请在…处使用多行代码替换
#注意:其他已给出代码仅作为提示,可以修改
...      #此处可输入多行代码
#对数据进行中文分词处理
import jieba
f = open('结果.txt','w')
fi = open("原始.txt","r",encoding = "utf-8")
...            #在此处用多行代码完善程序
fi.close()
f.close()
```

6. 在代码模板里定义了一个字典,key 是学生的姓名,value 是由系名和成绩构成的列表,用逗号隔开。(20 分)

完善程序代码,使其最终输出结果如下。

王大力的成绩是:598,系别是管理系
李小明的成绩是:457,系别是中文系
(略)
成绩最高的系别是:法律系,该系的成绩是:650

原始代码如下。

```
#请在加粗序号处写一行表达式
#请在 … 处写多行代码
#可以修改其他代码
students = {'王大力':['管理系',598],
            '李小明':['中文系',457],
            '赵军':['计算机系',624],
            '雷明':['法律系',650]}
                }
sal_dep = {}
for key in members:
    print('{}的成绩是:{},系别是{}'.format((空1)))
    …
print('成绩最高的系别是:{},该系的成绩是:{}'.format(max_name,max_val))
```

模拟试卷 I 答案及解析

一、选择题

1. B

解析：A 选项中应该采用 def 保留字定义函数；C 选项中如果采用可选参数传递，则可选参数定义一定要在非可选参数的后面定义，即先声明可选参数，再用 * 声明非可选参数；D 选项中如果采用名称传递数据方式，则各参数之间的顺序可以任意，因为通过名称已经把数据标识得非常清楚，不会混淆。

2. A

解析：该函数被定义后，两次调用该函数。定义时指定变量 action 的默认值为 None，因此符合分支语句为真的条件，生成了空列表，没有任何数据输出。当执行 print 语句后，action 的值按指定参数'look'传递，这时分支语句执行条件为假的语句部分，即在列表中追加了'jump'字符串，最终输出结果为['look','jump']。

3. C

解析：此题考察对局部变量与全局变量的理解。在调用该函数前，a 和 b 均为全部变量。执行该函数后，由于变量 a 为列表属于组合数据类型，变量 a 的值在调用外允许被修改。但是，变量 b 属于简单数据类型，它在调用外不能被修改，仍然采用全局变量的值作为最终输出结果。

4. C

解析：此题考察字典的操作方法。其中，d.values()能返回字典中所有值的信息，包括'lemon'。

5. B

解析：此题针对列表数据的遍历求和问题。双重循环中的变量 c 控制的是与 sum 相加的元素，变量 d 控制的是列表中各元素对应的索引值，最终结果是将列表中所有元素全部遍历并求和，结果是 45。

6. B

解析：此题考察字典的 get()操作方法的使用。如果 key 值存在，则返回相应值。此题的 key 值为'香瓜'，它对应的值为'绿色'。如果 key 值'香瓜'没有对应的值，则返回题目中给定的默认值'白色'。

7. D

解析：此题考察列表操作方法。pop(N)的功能是将索引为 N 的值弹出，此题将索引号为 1 的数据弹出，对应的值为数据'0'。接下来执行 len()操作，它的功能是求列表的长度，由于之前弹出一个数据，该列表只剩下 4 个数据，因此选择"0　4"答案。

8. D

解析：此题考察字典 max() 函数的用法。由于字典中的键值以英文字母形式存在，英文大写字母比小写字母 ASCII 码小，因此 'JE' 最小，在小写字母中最大的是 'phy'，因此答案是该键对应的 value 值为 8。

9. A

解析：此题考察注释类型及含义。注释分为单行和多行注释两种，分别用 ♯ 和 ''' 开头。

10. C

解析：此题考察 type() 函数返回值。由于 2019.49 是浮点数，因此返回对应的类型为 'float'。

11. D

解析：A、B、C 三个选项都是用于数据分析、处理与展示的第三方库，只有 json 符合题目要求，必须牢记。

12. B

解析：此题涉及异常的一些概念。首先，异常不等同于错误，异常是可以预见的例外情况，因此选项 A 和 C 描述错误。异常可以使用的保留字除了 try、except 外，还包括 else 和 finally，因此 D 选项也是错误的。

13. C

解析：A 选项错在 import turtle 调用后，引用某个函数必须加 turtle.<函数名>。
　　　B 选项错在 from math import *。
　　　D 选项错在不能直接用 import 调用某个函数。

14. D

解析：readlines() 功能是从文件中读入所有的行，将所有行的信息形成一个列表，而不是每行都生成一个列表。

15. A

解析：容易混淆的是选项 B，B 为日期时间库。其他两项均不正确。

16. B

解析：Python 的特点除了 B 选项描述正确外，还具有以下几个特征：它是通用语言而不是专用语言；它是脚本语言而不是静态语言。

17. C

解析：A 选项应描述为 ob1011；B 选项应描述为 a 除以 b 的整数商以及两者相除后的余数；D 选项应描述为 upper(x) 是将字符串 x 的所有字母大写，而不仅仅是首字母。

18. D

解析：分支结构中的判断条件可以是产生 True 或 False 的表达式或函数，但并不是只能用产生 True 或 False 的表达式或函数，采用其他的数据类型也是可以的，比如选项 A 中的 if　1。

19. D

解析：本题将该文件以只读方式打开，并没有执行任何读取数据的操作，因此在执行 print 语句后什么内容也没有输出。

20. D

解析：注意在时间输出时无论小时、分钟、秒均按两位值输出，不足用0占位。

21. B

解析：此题涉及分支结构简单表达的情况。在 if 后面的条件满足的情况下，执行 if 前面的表达式；如果 if 条件不满足的话，就执行 else 后面的表达式；本题给出的 a=5，所以不满足 if 语句条件，执行 else 表达式的结果，得 a=6。

22. A

解析：此题有一定难度。当输入是一个正常的整数、浮点数或者字符串的时候，len(x) 的值非0，就被当作 True，会执行 break 跳出循环；只有输入空回车的情况下，len(x) 的值是 0，当作 False，才会执行 else 后面的 print(x)；但 x 又没有内容，所以显示一个空行，又回到 while True 的循环开头，重新显示输入提示。

23. B

解析：此题的结果有两行，第一行的值是"125"，第二行的值是"error"。原因如下：第一次 i 取值4，所以输出 y 的值；第二次 i 取值0，做除法就会出现异常，输出"error"字符串，并且不再继续循环。所以答案是输出2行内容。

24. D

解析：此题涉及字符数据的比较。in 作为成员操作，表示一个对象包含在另一个对象中，其结果为真。b in a 运算后的结果为假，因此 k=0。

25. C

解析：A 为网络爬虫方向的库；B 为数据可视化方向的库；D 为机器学习方向的库。

26. A

解析：B 选项错在以数字开头；C 选项错在使用保留字；D 选项错在使用特殊符号"+"。

27. A

解析：continue 表示条件满足时结束当次循环。只要变量 i 没有遍历结束，循环仍然向下继续。因此当 i 为'国'时，满足分支条件，结束本次循环，这样的情况一共两次。其他情况下均不满足分支条件，分别执行输出该字符的功能。

28. C

解析：选项 A 的执行结果为"你国祖"；选项 B 的执行结果是"中,国"；选项 C 的执行结果是没有任何信息显示；选项 D 的执行结果为"你国祖万!"，它有起始切片位置，终点位置没有指定，默认为到字符串最后。

29. B

解析：A 选项错在'b'不能单独使用，需要与读或写方式配合使用；C 选项错在 'a' 模式如果文件存在，则在文件尾部追加而不是起始位置；选项 D 错在'x'模式如果文件存在，则返回异常。

30. B

解析：列表作为一维元素向量，长度没有限制，各元素的数据类型任意，没有统一要求。

31. D

解析：A 选项错在此方法只能创建字典类型数据；B 选项错在字典通过"键"信息来索引对应的"值"信息；C 选项错在返回结果是 Python 的一种内部数据类型 dict_items。

32. D

解析：randint(0,2)执行后将产生[0,2]的随机整数，有可能是0、1和2。将0、1和2这三个数作为列表的下标进行索引，有可能得到1、2、3这三个列表中的数据。将这三个数据与sum进行相加，因此可能得到6、7、8的结果，永远得不到9。

33. C

解析：pip常用的子命令有 install、download、uninstall、freeze、list、show、search、wheel、hash、completion、help 等。

34. A

解析：round()函数在四舍五入时小数部分为"5"，要遵循银行家算法，即整数部分是偶数，则舍掉；如果整数部分是奇数，则加"1"，即round(5.5)=6。而本题结果为4，选项为A。

35. B

解析：参数传递时按默认顺序，A选项错在传递两个x变量的值；C选项错在省略某个参数时不能加","；D选项错在缺少一个参数进行传递。

36. B

37. A

解析：声明全局变量用保留字global，而不是golbel，注意拼写方面的错误。

38. A

解析：本题涉及读文件中的数据、format()格式化方法及字符串处理方法。B选项缺少分隔符；C选项缺少引号；D选项缺少引号。

39. B

解析：A选项错在"/"只针对数字类型操作，不能用于字符串数据；C选项错在应该将字符串先赋值，再用upper()转换，正确写法是s.upper()，upper()括号内没有数据；D选项错在没有isnumeric()方法，不能完成相应功能。

40. D

解析：本题含义是用center函数将字符串居中，不足位以"*"占位，因此选D。

二、程序设计题

1.

```
S = input()
print('{:$<20}'.format(s))
```

解析：使用format格式化，{}里面最开始的引导符号"："不能省略，否则系统提示错误信息。另外，最先写不足位要填充的字符，中间是对齐方式，最后是设定字符的宽度，三者位置不能颠倒，否则会出错。

2.

```
a = input("")
b = a.split(" ")
x1 = eval(b[0])
y1 = eval(b[1])
```

```
x2 = eval(b[2])
y2 = eval(b[3])
r = pow(pow(x2 - x1, 2) + pow(y2 - y1, 2), 0.5)
print("{:.2f}".format(r))
```

解析：第二句代码也可以写成：nls = ntxt.split( )，即空格内部可以是空，因为 split() 方法默认按空格将字符串划分为列表。

3.

```
import random as m
bm = 'AaBbCcDdEeFfGgHhIiJjKkLlMmNnOoPpQqRrSsTtUuVvWwXxYyZz'
seed(1)
code = ''
for i in range(5):
    code += m.choice(bm)
print(code)
```

解析：导入 random 库并命名为 m；seed(1) 随机化种子，保证每次产生的答案一致，seed(N) 中 N 可以放任意一个整数，都能做到每次产生的答案一致。由于最后要输入 code 变量的值，可以推断 code 存放最终生成的 5 个字母，因此先设计其初值为空字符串。利用 choice() 函数从 bm 字符串中返回一个元素，由于要生成 5 个字母即这样的操作要重复 5 遍，因此定义一定循环，循环次数为 5，即可完成上述操作。

4.

```
import turtle
turtle.pensize(2)
d = 0
for i in range(1, 11):
    turtle.fd(50)
    d += 36
    turtle.seth(d)
```

解析：由于绘制十边形，循环变量 i 范围从 1 开始，其终值只能为 11。如果不指定初始值，写 10 即可，表示从 0 到 9 遍历，也表示循环 10 遍。每次循环做什么操作呢？根据题意，向前移动像素为 50 的直线；每移动一次，角度要发生变化，用 d 表示角度初值，即从水平向右为绝对 0°，每循环一次，角度递增 360°/10＝36°，以此来改变画笔的方向。

5.

```
import jieba
f = open('结果.txt','w')
fi = open("原始.txt","r",encoding = "utf-8")
list = jieba.lcut(fi.read())
jh = set(list)
ls = list(jh)
for item in ls:
```

```
        if len(item) >= 5:
            f.write(item + "\n")
fi.close()
f.close()
```

解析：先将原始数据以只读方式读入，用精确模式将原始文本内容分词，返回一个列表。利用 set() 函数功能将列表数据变为集合元素，因为集合元素不能有重复值，完成了去重任务。接下来，将集合数据重新变成列表数据。对列表中的元素一一遍历，每遍历一个列表元素就求出该元素的长度，并将长度大于或等于5的列表元素以"w"方式写入"结果.txt"文件中。

6.

```
students = {'王大力':['管理系',598],
            '李小明':['中文系',457],
            '赵军':['计算机系',624],
            '雷明':['法律系',650]
            }
dict = {}
for key in students:
    print('{}的成绩是:{},系别是{}'.format(key,students[key][1],students[key][0]))
    dict[students[key][1]] = students[key][0]
max_val = max(dict)
max_name = dict[max_val]
print('成绩最高的系别是:{},该系的成绩是:{}'.format(max_name,max_val))
```

解析：
（1）字典里的 value 是个列表，所以需要索引引用列表中的数据。

（2）定义一个空字典 dict，用于存放针对字典 students 中每个学生的成绩和系别信息，另外还要获取成绩和系别的名称放入字典 dict 中。

（3）为了统计成绩最高的系别的成绩，需要字典 dict 来保存这两个信息，并且这个字典的 key 应该是成绩。

（4）用 max 函数对字典 dict 的 key 进行求最大值的计算，并将最大值赋给变量 max_val。

（5）再从字典里取出 key 为 max_val 的 value 赋给变量 max_name。

（6）最后按照要求显示结果。

模拟试卷 Ⅱ

一、选择题(共 40 分,每题 1 分)

1. 下面代码执行后输出结果正确的选项是(　　)。

```
for i in '我爱你中国,祖国万岁!':
    if i == '国':
        break
    print(i,end = '')
```

  A. 我爱你中,祖万岁!　 B. 我爱你中国,祖国万岁!
  C. 我爱你中　 D. 祖国万岁!

2. 变量 str='china2019',执行表达式 eval(str[5:-1])的结果是(　　)。
  A. 2019　 B. a2019　 C. 201　 D. a201

3. 下面代码执行后输出结果正确的选项是(　　)。

```
>>> d = {}
>>> type(d)
```

  A. <class 'dict'>　 B. <class 'set'>　 C. <class 'list'>　 D. <class 'turple'>

4. 以下(　　)的数据表示整数。
  A. 2019.12　 B. 0X2019　 C. '2019'　 D. 2019e-2

5. 以下(　　)不是 Python 文件的操作方法。
  A. seek　 B. load　 C. readlines　 D. write

6. 以下(　　)不属于数据可视化方向的第三方库。
  A. matplotib　 B. TVTK　 C. mayavi　 D. openpyxl

7. 下面程序段执行后输出结果是(　　)。

```
>>> list1 = ['我','爱','学','习']
>>> list2 = list1.copy()
>>> list2.reverse()
>>> print(list1)
```

  A. ['我','爱','学','习']　 B. ['习','学','爱','我']
  C. '我','爱','学','习'　 D. '习','学','爱','我'

8. 以下(　　)涉及矢量数据处理的第三方库。

A. PIL B. NLTK C. PyQt5 D. NumPy

9. 以下关于循环的描述,错误的选项是(   )。

    A. 无限循环可以与 break、continue 和 else 等保留字一起使用

    B. 无限循环需要提前确定循环次数

    C. 当条件满足时,一直执行无限循环操作

    D. 使用 while 保留字可以构建无限循环

10. 以下描述正确的选项是(   )。

    A. For 是保留字

    B. 系统采用强制缩进,增加了编程复杂度

    C. 所有的 class、def 等语句后面需要以":"结束

    D. 变量名允许以数字开头外加某些字符组成

11. 填写以下(   )能保证输出{0:['中文', 98], 1:['日语', 86], 2:['英语', 78]} 的结果。

```
A = ("中文","日语","英语")
B = [98,86,78]
C = {}
for i in range(len(a)):
    (            )
Print(c)
```

    A. c[i]=a,b B. c[i]=[a[i],b[i]]

    C. c[i]=a[i],b[i] D. c[i]=list(zip(a,b))

12. 以下(   )能导致系统输出"此题不正确"信息。

```
try:
    a = eval(input()) * 3
    print(a)
except:
    print("此题不正确")
```

    A. m B. 5 C. '5' D. 'mm'

13. 字典 dict 定义如下:dict={"中文":98,'日语':86,英语':78}。下面选项能够输出数字 86 的是(   )。

    A. print(dict[-2]) B. print(dict)

    C. print(dict["日语"]) D. print(dict[1])

14. 以下程序段执行后,输出结果正确的选项是(   )。

```
for i in 'china':
    for j in range(2):
        if i == 'c':
            break
        print(i,end = '')
```

A. hhiinnaacc　　　B. hhiinnaa　　　C. cchhiinnaa　　　D. chhiinnaac

15. 以下(　　)适合描述字典类型。
　　A. 一维数据　　　B. 二维数据　　　C. 多维数据　　　D. 高维数据

16. 以下(　　)不是 Python 语言所使用的运算符。
　　A. ?　　　　　　B. **　　　　　　C. <<　　　　　　D. &+

17. 以下(　　)描述错误。
　　A. 编译是将源代码转换成目标代码的过程
　　B. 解释是将源代码逐条转换成目标代码同时逐条运行目标代码的过程
　　C. C 语言是静态编译语言,Python 语言是脚本语言
　　D. 静态语言采用解释方式执行,脚本语言采用编译方式执行

18. 以下(　　)描述正确。
　　A. 函数一定要有输入参数和返回结果
　　B. 定义函数的目的是增加代码复用程度,降低维护难度
　　C. 当函数退出时,局部变量依然存在,下次函数调用可以继续使用
　　D. 全局变量在函数内部创建和使用,函数退出后变量被释放

19. 表达式 type(type('12')) 的结果是(　　)。
　　A. <class 'type'>　　B. <class 'float'>　　C. <class 'str'>　　D. None

20. 设 str1='*@python@*',语句 print(str1[2:].strip('@'))的执行结果是以下(　　)。
　　A. python@*　　　　　　　　　　　B. python*
　　C. *python*　　　　　　　　　　　D. *@python@*

21. 在 Python 语言中,将二维数据写入 CSV 文件,最可能使用的函数是以下(　　)。
　　A. join()　　　　B. split()　　　　C. replace()　　　D. strip()

22. 表达式 5**3//6%7 运算后结果是(　　)。
　　A. 3　　　　　　B. 4　　　　　　C. 5　　　　　　D. 6

23. 以下(　　)不是 Python 文件读取方法。
　　A. writeline()　　B. readlines()　　C. read()　　　D. readline()

24. 以下关于 turtle 库的描述,错误的选项是(　　)。
　　A. 使用前必须先用 import 导入 turtle 库
　　B. home() 函数设置当前画笔位置到原点,方向朝上
　　C. 输入 import turtle 命令后,可以用 turtle.circle() 语句画一个圆圈
　　D. seth(x) 函数的功能是让画笔旋转 x°

25. 以下(　　)不是 Python 内置函数。
　　A. sum()　　　　B. exec()　　　　C. close()　　　D. eval()

26. 以下(　　)能正确描述一个二进制整数。
　　A. 0bD3E　　　　B. 0B10110　　　C. 0x1708　　　D. 0B10012

27. 以下程序段被执行后,输出结果是(　　)。

```
abc = [23,88,78,99,45]
for i in abc:
    if i == '88':
        print('找到! i = ',i)
        break
else:
    print('未找到…')
```

  A. 找到! I=88 B. 未找到… C. 未找到… D. 未找到…
           未找到…   找到! i = 99
           未找到…
           未找到…

28. 下面程序段执行后输出结果是以下（　　）。

```
a = 20
def jeep(b):
    global a
    for i in range(b):
        a += i
    return a
print(a,jeep(5))
```

  A. 20 30   B. Unfound Local Error
  C. 30 30   D. 20 20

29. 执行下面程序段，以下（　　）描述是错误的。

```
import time
print(time.time())
```

  A. time.sleep(8)推迟程序的运行，单位为毫秒
  B. 输出自1970年1月1日 00:00:00 AM 以来的秒数
  C. time 库是 Python 语言的标准库
  D. 可使用 time.ctime()令显示结果可读性更强

30. 关于数据组织的维度，以下选项中描述错误的是（　　）。
  A. 高维数据由键值对类型的数据构成
  B. 一维数据采用线性方式组织，对应于数学中的数组和集合等概念
  C. 二维数据采用表格方式组织，对应于数学中的矩阵
  D. 数据组织存在维度，字典类型用于二维数据

31. 执行下列程序段，输出结果正确的选项是（　　）。

```
d = {'ab':3,'cd':5,'ef':7}
print(d.popitem(),len(d))
```

  A. ('ab', 3) 3   B. ('cd', 5) 3

C. ('ef', 7)　　　3　　　　　　D. ('ef', 7)　　　2

32. 以下描述正确的选项是(　　)。
   A. 程序书写紧凑比有间隔要好
   B. 设计的程序代码尽可能有多种解释
   C. 程序尽可能简洁明了而不要复杂隐晦
   D. 一个问题最好能找多种解决方案,而不是一种明显的解决方案

33. 以下(　　)不需要在行尾加英文冒号(:)来表达对后续连续缩进语句的从属关系。
   A. try　　　　B. except　　　C. def　　　　D. break

34. 关于基本输入输出函数的描述,错误的选项是(　　)。
   A. print()函数输出多个变量的时候,可以用逗号分隔多个变量名
   B. input()函数无论用户输入什么,返回的结果都是字符串类型数据
   C. print()函数可以直接输出一个字符串,也可输出一个或多个变量的值
   D. eval()函数的功能是把输入的数字字符串转换为整数或浮点数

35. 在format格式控制标记中,不完全被包含在冒号后的控制标记里的选项是(　　)。
   A. 数字的千分位分隔符,上下对齐符,槽宽度
   B. 用于填充的字符,精度,整数类型的b,c,d,o,x,X
   C. 字符串的最大输出长度,浮点数类型e,E,f,%
   D. 数字千分位分隔符,类型

36. 执行下面代码后,输出结果正确的选项是(　　)。

```
>>> list = ['ab','cd']
>>> print("*".join(list))
```

   A. abcd　　　　B. ab*cd　　　C. *ab*cd　　　D. abcd*

37. 执行下面程序段后,输出结果正确的选项是(　　)。

```
s = 100
if s:
    print('s is {}'.format(s))
```

   A. s is True　　　　　　　　　B. s is False
   C. s is 100　　　　　　　　　 D. 提示错误信息

38. 下面关于分支语句描述正确的选项是(　　)。
   A. 单分支是指只有if语句而没有else的语句体
   B. 多路分支是指由if和else构成的语句体
   C. 分支结构中的判断条件只能是产生True或False的表达式或函数
   D. 双路分支指两种情况按判断条件分别执行的语句体

39. 关于函数性质的描述,以下选项错误的是(　　)。
   A. 定义函数的时候,可以省略参数列表
   B. 如果不需要返回函数值,就不能使用return语句
   C. 函数定义之后不能自动执行,被"调用"后才能运行其功能

D. 函数可以按照位置方式传递参数

40. 执行下面程序段后,输出结果正确的选项是(　　)。

```
str = 'at6y4n8'
for i in str:
    if '0'<= i <= '9':
        str.replace(i,'')
        break
    else:
        print(i,end = '')
print('\n',str)
```

A.

at6y4n8
　at6y4n8

B.

atyn
　atyn

C.

at6y4n8
　atyn

D.

at
　at6y4n8

二、程序设计题(60分)

1. 完善程序。请使用 time 库的 gmtime() 和 strftime() 函数,输出计算机系统当前的年月日及星期。(5分)

原始代码如下。

```
# 在加粗序号处完善单行代码

import time
t = time.gmtime()
print((1))              # %a 本地简化星期名称,如 2020 - 10 - 19Mon
```

2. 用户从键盘输入一个字符串,完善程序代码将字符串逆序输出,同时紧接着输出字符串的个数。(5分)

输入输出示例:

输入:abcd
输出:dcba4

原始代码如下。

```
#请在加粗序号处使用一行代码或表达式替换
#注意:请不要修改其他已给出代码
#请完善如下代码
s = input()
print((空1))
print((空2))
```

3. 完善程序,实现如下功能:以56为随机数种子,随机生成5个1(含)~99(含)的随机整数,每个随机数后跟随一个逗号进行分隔,屏幕输出这5个随机数。(5分)

输入输出示例:

输入:
输出:12,56,78,44,23

原始代码如下。

```
#请在加粗序号处使用一行代码或表达式替换
#注意:请不要修改其他已给出代码
import random
(空1)
for i in range((空2)):
    print((空3), end = ",")
```

4. 完善程序,按图示绘制一个三角形,其边长为50。(10分)

原始代码如下。

```
#请在加粗序号处使用一行代码或表达式替换
#注意:请不要修改其他已给出代码
import turtle as (空1)
for i in range((空2)):
    (空3)(i * 120)
    t.fd(50)
```

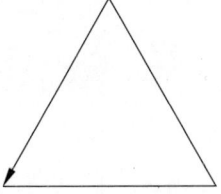

5. 完善程序代码,完成如下功能:用户从键盘输入一个字符串"盛世中国",如果输入正确,输出为两行文字,第一行为"盛世中国",第二行为"100.00%"(注意:是百分比格式,

并且小数点后面保留两位）。如果用户输入不正确，则输出两行内容，第一行为"用户输入的字符串"，第二行为"输入有误,请重新运行！"。（15分）

输入输出格式如下。

```
示例1
输入：                          输出：
盛世中国                        100.00%


示例2
输入：                          输出：
盛世中国！                      输入有误,请重新运行！
```

原始代码如下。

```
#请在…完善多行代码
#cmp函数用于str1与str2中按位置对应字符比较,比较相同的数目与字符串总长度的百分比
#请阅读函数功能,在…中直接调用该函数即可
def  cmp(str1,str2):
    n = 0
    for s1,s2 in zip(str1,str2):
        if s1 == s2:
            n += 1
    return  n/len(str1)
s1 = "我爱你中国"
print(s1)
s2 = input()
…                  #用多行代码完善程序
```

6. 在file.txt文件中有一段中文,完善程序代码,要求统计中文"我"的个数,并在屏幕上显示"我"的个数。（20分）

原始代码如下。

```
#在…处补充多行代码
#可以修改其他代码
Import   jieba
with open("file.txt","r",encoding = "utf-8")  as  f:
    d= f.readlines()
…                       #用多行代码完善程序
```

输入输出格式如下。

```
输入：无                输出：我：N次
```

模拟试卷Ⅱ答案及解析

一、选择题

1. C

解析：break 表示条件满足时,中止循环结构,即使还有没有遍历完的变量也不再向下执行,因此当遇到第一个'国'时,就立刻中止程序执行,退出程序。

2. C

解析：字符串索引起始位置从 0 开始,根据左闭右开原则,不包括最后一个字符。eval() 函数的功能是将生成的字符型数据外围界限符去掉,变成数字型数据,因此选 C。

3. A

解析：通过{}创建的默认数据类型是字典而不是集合。

4. B

解析：选项 A 为浮点数；选项 C 为字符型数据；选项 D 为浮点数,等价于 20.19 这个数。

5. B

解析：文件的读、写、打开、关闭操作如下：read、readline、readlines、seek、write、writelines、open、close 等。

6. D

解析：D 选项是处理 Excel 文档的第三方库。

7. A

解析：虽然 list2 又复制又翻转,但此题最终输出的是列表 list1 的值,而不是 list2。

8. D

解析：A 选项是图像处理方向的库；B 选项是自然语言处理方向的库；C 选项是用户图形界面处理方向的库；D 选项涉及数据处理,包括矩阵变换、N 维数据交换等操作。

9. B

解析：无限循环不需要指定循环次数。每次循环结束后,循环条件有所改变,直到循环条件不满足时,退出循环。

10. C

解析：A 选项 for 是保留字,系统严格区分大小写,For 就不是保留字；B 选项错在缩进虽然是强制性的,但与程序复杂度无关；选项 D 错在变量名不能以数字开头。

11. B

解析：本题主要考察如何提取元素作为字典中的键值对。D 选项 zip() 函数将对象中对应的元素打包成一个个元组,然后返回由这些元组组成的列表。$c[i] = list(zip(a,b))$语

句输出结果为:

{0: [('中文', 98), ('日语', 86), ('英语', 78)], 1: [('中文', 98), ('日语', 86), ('英语', 78)], 2: [('中文', 98), ('日语', 86), ('英语', 78)]}

12. A

解析:B 选项的结果是 5*3=15;C、D 选项输入的数据被当作字符串,*3 表示重复 3 遍,分别得到"555"和'mmmmmm'。

13. C

解析:字典中的数据通过键值对一一对应的信息获取,不能使用索引方法,因此 A、D 选项均不正确。B 选项输出字典中所有数据信息,也不符合题意。

14. B

解析:此题涉及遍历循环。变量 j 的循环次数是 0 和 1,共两次。当 i='c',符合循环条件,退出循环,不显示相应字符;当 i 等于其他字符时,均不符合循环条件,输出相应字符两遍。

15. D

解析:通过 JSON 格式可以有效地描述键值对信息,这种数据叫作高维数据,而不是多维数据。

16. A

解析:B 选项是幂运算符;C 选项是位操作中的左移运算符;D 选项是位操作中的与运算符,&+表示增量操作。

17. D

解析:Python 是脚本语言,采用解释方式执行程序。

18. B

解析:A 选项错在函数可以没有返回值;C 选项错在局部变量只能在函数内部使用,退出后不能再使用;D 选项错误原因同 C 选项。

19. A

解析:type('45')输出为<class 'str'>,type(type('45'))输出为<class 'type'>。

20. A

解析:首先对该字符串进行切片操作,得到字符串'python@*',接下来对该字符串去掉最左边及最右边的"@"符号,由于该字符串的"@"符号既不在最左边也不在最右边,因此还是返回切片后结果,不能选 B 选项。

21. A

解析:二维数据存储为 CSV 格式,需要将二维列表对象写入 CSV 格式文件并将 CSV 格式读入成二维列表对象。join()方法可以将序列中的元素以指定的字符连接生成一个新的字符串。

22. D

解析:** 表示幂运算;//表示相除后取商;%表示相除后取余数。

23. A

解析:读文件有 wirte 和 writelines 两种方法,并没有 writeline 方法。

24．B
解析：使用 goto(0,0)函数回到原点位置。

25．C
解析：B 选项 exec()是 Python 语言的一个内置函数,用于计算复杂的表达式的值;而 close()是方法而不是函数。

26．B
解析：采用 0b 或 0B 都能描述二进制数,但二进制数的数码只有 0 和 1 两位,因此其他三个选项都错。

27．C
解析：从列表中读第一个数据 23,不符合分支条件,直接执行 else 后面的语句,输出"未找到…"信息;第二次遍历列表,读入列表中第二个数据 88,由于符合分支条件,执行 break 语句直接退出了循环程序,不再向下执行。

28．A
解析：a 为全局变量,输出结果即为定义的初始值 20。自定义函数的功能是将变量 a＋变量 b 的值,由于 b 的取值范围是[0,4],相当于将 a＋0＋1＋2＋3＋4 的结果作为函数 jeep()的返回值。

29．A
解析：sleep 表示休眠时间,单位是秒而不是毫秒。

30．D
解析：字典作为高维数据代表,使用键值对描述信息是其主要特征。

31．D
解析：popitem()函数的功能是随机从字典里取出一个键值对,以元组(key, value)的方式返回;同时字典的长度减 1,变为 2。

32．C
解析：书写程序要注意简洁、明了,没有歧义。

33．D
解析：continue 和 break 在行尾不需要加":"表示从属关系。

34．D
解析：eval()的功能是先将字符串外围界限符去掉,再进行相关运算后输出正确结果。

35．A
解析：A 选项错在不是上下对齐符,而是左、右或居中对齐符。

36．B
解析：join()的功能是将字符串变量每相邻字符中间增加某个符号,因此本题的结果是在两个字符变量"ab"与"cd"之间增加一个"＊"号,即 ab＊cd。

37．C
解析：选项 C 是 if 语句的简略写法,等同于 s＝100。

38．A
解析：B 选项错在多路分支由 if…elif…else 构成的语句体;C 选项错在分支结构中的判断条件不仅能产生 True 或 False 的表达式或函数,有时候直接写常数或变量名也行;D

选项错在双路分支只能根据条件执行某一个语句体,另一个不被执行。

39. B

解析:B 选项错在即使没有 return 语句,函数也有返回值 None。

40. D

解析:str 是一个既包含字符又包含数字的字符串,根据题目要求遍历 str 字符串时,遇到将数字用空格替换,并且结束本次循环不输出结果;如果非数字字符则执行另一路分支,将非数字字符输出。当 str 遍历结束后,最后要执行的是将 str 换行显示输出。

二、程序设计题

1.

```
import time
t = time.gmtime()
print(time.strftime("%Y-%m-%d %a",t))
```

解析:time.gmtime() 函数返回当前系统时间的 struct_time 对象。struct_time 对象的数据类型是元组。该元组将年份(四位)、月份、日期、小时等信息组合在一起。在获得上述关于时间的相关信息后,接下来用 strftime() 函数将时间格式化输出。strftime() 方法的格式化控制符是"@",而且题中提示星期缩写为"%a",如 Mon。"A"表示星期全称,如 Monday。

2.

```
s = input()
print(s[::-1],end="")
print(len(s))
```

解析:逆序输出,可使用如下方式[::-1],两端均不指定数据,表示范围涵盖字符串所有数据,-1 表示逆序。另外,在输出字符串后直接输出字符串个数,必须使用 end='',这样再执行第二个 print 语句时,其值紧接着上一行输出。

3.

```
import random
random.seed(56)
for i in range(5):
    print(random.randint(1,99), end=",")
```

解析:本题在导入 random 库后,一定要注意使用库函数时前缀 random 不能省略,否则 1 分不得。seed(56)种子数固定,表示每次生成的数据一致;生成 5 个随机数,因此 range 范围是 0~5 不包括 5;randint(N,M)用于生成 N~M 的随机整数。

4.

```
import turtle as t
for i in range(3):
    t.seth(i*120)
    t.fd(50)
```

解析：本题通过观察可知，turtle 库起了别名叫 t，因此 as 后面应该填 t。另外，在绘制三角形时，画笔的角度是不断变化的，每次变化 360°/3＝120°。通过大量做题，可以推断出画 N 边形，每画一个边其角度变化为 360/N 的值，这是一个普遍规律。

5.

```
def  cmp(str1,str2):
    n = 0
    for s1,s2 in zip(str1,str2):
        if s1 == s2:
            n += 1
    return  n/len(str1)
s1 = "盛世中国"
print(s1)
s2 = input()
if len(s1) != len(s2):
    print("输入有误,请重新运行!")
else:
    print("{:.2%}".format(cmp(s1,s2)))
```

解析：本题给出的前一部分代码已经表明此自定义函数的功能就是用于分别遍历两个字符串 str1 和 str2 的每一个字符，如果相等，则相等字符个数增 1，用变量 n 来存储。然后计算 n 值与字符长度相除后的数值。题目需要完善的是当两个字符串不相等时，按输出格式输出相应的提示信息，另外就是如何将 n 的值用 format() 格式转换成百分比形式，并且保留两位小数。其中，要格式化的数据就是这个自定义函数 cmp(s1,s2) 调用后 n 的值。

6.

```
Import   jieba
with   open("file.txt","r",encoding = "utf-8")   as f:
    d = f.readlines()
n = 0
for ls in d:
    wordlist = jieba.lcut(ls)
    for word in wordlist:
        if "我" in word:
            n = n + 1
print("我:" + str(n) + "次")
```

解析：这是利用 jieba 库统计某个字符个数的通用代码。首先，将该文件以只读方式打开，并且逐行读入。将统计"我"字符个数的变量设置初值为 0。接下来，针对原始文本每一个字符进行遍历，再利用精确模式对每一个字符进行分词处理，这种精确模式可以保证分词的结果没有冗余，以此来判断文本中的每一个字符是否包含在分词处理后结果中。如果包含在相应分词后的数据中则 n 值增 1。当字符串中每一个字符都一一遍历并比对后，保证没有重复比对，将最后 n 值输出。注意，由于 n 为数字类型数据，需要用 str() 函数将其转换成字符数据类型，才能用"＋"与其他汉字字符连接。

模拟试卷 Ⅲ

一、选择题(40 分,每题 1 分)
1. 执行下面程序段后,输出结果正确的选项是(　　)。

```
str = 'at6y4n8'
for i in str:
    if '0'<= i <= '9':
        str = str.replace(i,'')
        continue
    else:
        print(i,end = '')
print('\n',str)
```

A.

at6y4n8
　at6y4n8

B.

atyn
　atyn

C.

at6y4n8
　atyn

D.

atyn
　at6y4n8

2. 以下表述内容不是 Python 语言特点的选项是(　　)。
　　A. Python 的变量必须先定义后使用
　　B. Python 是一门简洁、优雅的语言
　　C. Python 具有高度黏合性,可以兼容许多其他高级语言

D. Python 程序的运行与平台无关
3. 以下描述错误的选项是(　　)。
    A. Java 是静态语言,Python 是脚本语言
    B. 编译是将源代码集中转换成目标代码的过程
    C. 静态语言采用解释方式执行,脚本语言采用编译方式执行
    D. 解释是将源代码逐条转换成目标代码同时逐条运行目标代码的过程
4. 能在屏幕上输出"祖国万岁!"的选项是(　　)。
    A. print(祖国万岁!)　　　　　　　　B. printf(祖国万岁!)
    C. print("祖国万岁!")　　　　　　　D. printf("祖国万岁!")
5. 以下(　　)是注释符号。
    A. "　　　　B. /＊…＊/　　　　C. !　　　　D. ♯
6. 下面代码执行后的结果是(　　)。

```
>>> 6.83e-4 + 1.67e+6j.real
```

    A. 0.000683　　B. 6.83e－4　　C. 1.67e+6　　D. 1670000
7. 下面代码执行后的结果是(　　)。

```
>>> a = '23 + 34'
>>> eval(a[1:-1])
```

    A. 提示错误信息　　B. 6　　C. 37　　D. 26
8. 下面代码执行后的结果是(　　)。

```
>>> a = 2
>>> a ＊ = 5 + 4 ＊＊ 2
>>> print(a)
```

    A. 提示错误信息　　B. 21　　C. 42　　D. 26
9. 下面代码执行后的结果是(　　)。

```
>>> list = [[1,2,3],[[2],[3]],[2,3]]
>>> len(list)
```

    A. 7　　　　B. 5　　　　C. 4　　　　D. 3
10. 下面代码执行后的结果是(　　)。

```
>>> a = '祖国生日快乐!'
>>> b = '%'
>>> c = "^"
>>> print("{0:{1}{3}{2}}".format(a, b, 15, c))
```

    A. ^^^^祖国生日快乐!^^^^
    B. %%%%祖国生日快乐!%%%%

C. >>>>>>>> 祖国生日快乐！
D. <<<<<<<< 祖国生日快乐！

11. 下面代码执行后的结果是（   ）。

```
>>> list = ['12',12,[12],'abc']
>>> list.append('1212')
>>> list.append([12,'12'])
>>> print(list)
```

A. ['12',12,[12],'abc','1212']
B. ['12',12,[12],'abc',[12]]
C. ['12',12,[12],'abc',['12']]
D. ['12', 12, [12], 'abc', '1212', [12, '12']]

12. 设 data.csv 文件内容如下。

```
小白,小李,小丽,小王
小孙,大伟
```

下面代码执行后的结果是（   ）。

```
f = open("data.csv", "r")
ls = f.read().split(",")
f.close()
print(ls)
```

A. ['小白','小李','小丽','小王','小孙','大伟']
B. ['小白,小李,小丽,小王,小孙,大伟']
C. ['小白','小李','小丽','小王','\n','小孙','大伟']
D. ['小白','小李','小丽','小王\n小孙','大伟']

13. 以下选项不是组合数据类型的是（   ）。

　　A. 复数类型　　　B. 字典类型　　　C. 集合类型　　　D. 元组类型

14. 下面选项关于函数的描述正确的是（   ）。

A. 函数的全局变量是列表类型的时候,函数内部不可以直接引用该全局变量
B. 简单数据类型想在函数内部作为全局变量使用,需要事先声明为全局变量
C. 函数内部定义了跟外部全局变量同名的组合数据类型的变量,则函数内部引用的变量不确定
D. Python 的函数里引用一个组合数据类型变量,系统会创建一个该类型对象

15. 以下说法正确的选项是（   ）。

```
n = 100
def func(a,b):
    c = a * b
    return c
```

```
s = func("we",2)
print(c)
```

A. 提示错误信息：NameError：name 'c' is not defined

B. 输出"wewe"字符串

C. n 为局部变量

D. c 为全局变量

16. 以下第三方库中（　　）可以对 Python 文件进行打包操作。
   A. Pygame　　　B. Pyramid　　　C. pyinstaller　　　D. pip-h

17. 以下保留字中（　　）后面不需要添加"："符号。
   A. continue　　　B. def　　　C. while　　　D. else

18. 以下关于赋值语句的描述错误的选项是（　　）。
   A. 执行如下语句后，可以完成 a 与 b 值的交换

```
>>> a = '89'
>>> b = 98
>>> a,b = b,a
>>> print(a,b)
```

B. Python 语言中的"＝"语句表示赋值，可以同时给多个变量赋值

C. Python 允许使用增量符号给变量赋值，如 a＊＝b

D. 执行如下语句后，x 的值为 2

```
>>> x,x = 2,3
>>> x
```

19. 关于 Python 语言的数字类型描述，错误的选项是（　　）。
   A. 数字类型包括 int、complex 和 float 三种类型数据
   B. 整数类型提供四种进制表示，分别为：二、八、十及十六进制
   C. 2+j 是正确的复数表示方法
   D. 浮点数有十进制和科学记数法两种表示方法

20. 以下代码执行后，结果错误的选项是（　　）。
   A.

```
>>> pow(3,5,4)
3
```

   B.

```
>>> round(6.5)
7
```

C.
```
>>> round(6.5123)
7
```

D.
```
>>> divmod(65,7)
(9, 2)
```

21. 面向机器学习的第三方库是（　　）。
    A. PIL　　　　　B. mayavi　　　　　C. Theano　　　　　D. Scrapy
22. 以下选项输出结果是 False 的是（　　）。
    A.
```
>>> 6 is 6
```

    B.
```
>>> False!= 0
```

    C.
```
>>> True and 12
```

    D.
```
>>> x = 4.3
>>> y = 4.3
>>> x is not y
```

23. 如果一个字典中包含两种数据类型：d＝{"数学":87,"语文":98}，则字典 d 的数据维度是（　　）。
    A. 一维数据　　　B. 二维数据　　　C. 高维数据　　　D. 多维数据
24. 关于 CSV 文件的描述错误的选项是（　　）。
    A. CSV 是国际通用的数据存储格式
    B. CSV 以逗号、空格、分号等符号来分隔数据
    C. CSV 既可以处理一维数据，也可以处理二维数据
    D. 可将 Excel 中处理的数据转换成 CSV 数据格式
25. 有一个二维列表 ls＝[[2,3,4],[5,6,7],[8,9,10]]，能够获得其中元素"8"的选项是（　　）。
    A. ls[3][1]　　　B. ls[3][0]　　　C. ls[2][1]　　　D. ls[2][0]
26. 以下选项不能合法打开 Python 文件的是（　　）。
    A. ""　　　　　B. "br＋"　　　　　C. "wr"　　　　　D. "wb"

27. 列表 list=[2,3,[2,3],5]，以下选项说法正确的是（　　）。
    A. list 可能是一维列表　　　　　　B. list 可能是二维列表
    C. list 可能是多维列表　　　　　　D. list 可能是高维列表
28. d.txt 文件在当前路径 D:\中，使用 open() 打开 D 盘根目录下的文件，以下选项错误的是（　　）。
    A. D:\\d.txt　　B. D:\d.txt　　C. D:/d.txt　　D. D://d.txt
29. 返回一个代表时间的精确浮点数，两次或多次调用，其差值用来计时，这个函数是（　　）。
    A. time.perf_counter()　　　　　　B. time.mktime(t)
    C. time.strtime(format,t)　　　　　D. time.ctime()
30. 生成一个[0.0,1.0)中的随机小数使用（　　）。
    A. random.choice()　　　　　　　　B. random.shuffle()
    C. random.uniform()　　　　　　　D. random.random()
31. 执行下列代码后，选项正确的是（　　）。

```
import turtle as t
for i in range(1,5):
    t.fd(60)
    t.left(90)
```

    A. 五边形　　　B. 五角星　　　C. 正方形　　　D. 三角形
32. 以下关于 turtle 库的描述正确的选项是（　　）。
    A. penup() 作用是画笔落下后，移动画笔立即绘制图形
    B. circle(120,150) 作用是绘制一个角度为 120°，半径为 150 的弧形
    C. width() 是用来设置画笔的宽度
    D. colormode() 作用是设置画笔的颜色
33. 下面代码执行后，输出结果正确的选项是（　　）。

```
def fact(x,y, * abc):
    print(x)
    print(y)
    print(abc)
fact(3,4,5,6,7,8)
```

    A.
```
3
4
(5, 6, 7, 8)
```

    B.
```
3
4
[5, 6, 7, 8]
```

C.

```
3
4
5, 6, 7, 8
```

D.

```
3,4,5, 6, 7, 8
```

34. 下面代码执行后,输出结果不可能出现的选项是(　　)。

```
from random import *
print(sample({1,2,3,4,5},2))
```

  A. [2,3]   B. [1,5]   C. [3,4,5]   D. [1,2]

35. 以下关于数据维度的描述,错误选项是(　　)。

  A. 图像由于存在长度和高度,因此是二维数据

  B. 一维数据可能有顺序也可能没有顺序

  C. 所有的数据都能用维度方式表示

  D. 根据数据关系不同,数据可分为一维数据、二维数据和高维数据等

36. 关于函数的返回值,以下描述错误的选项是(　　)。

  A. 函数可以返回0个或多个结果

  B. 函数可以有return语句,也可以没有

  C. 函数必须有返回值

  D. return可以传递0个返回值,也可以传递多个返回值

37. 执行下列语句的功能描述正确的选项是(　　)。

```
n = * n
```

  A. 令 n=n   B. 运行后 n 的值不改变

  C. 判断 n 是否等于它本身   D. 将 n 的平方赋值给 n

38. 关于jieba库函数jieba.lcut(s,cut_all=True)的功能描述正确的选项是(　　)。

  A. 是精确模式,返回一个可迭代的数据类型

  B. 是全模式,返回一个列表类型

  C. 是全模式,输出文本 s 中所有可能的单词,并以字符串形式返回

  D. 是搜索引擎模式,返回一个列表类型

39. Python 文件读取方法 read(size) 的含义描述正确的选项是(　　)。

  A. 从头到尾读取文件所有内容

  B. 从文件中读取指定 size 大小的数据,如果 size 为负数或者空,则读取整个文件内容

  C. 从文件中读取一行数据

D. 从文件中读取多行数据

40. 执行下面代码后,输出结果正确的选项是(　　)。

```
x = 'straberry'
y = 'peach'
z = 'banana'
if x > y:
    z = x
    x = y
    y = z
print(x,y,z)
```

  A. strawberry peach banana B. peach banana strawberry
  C. banaa peach strawberry D. peach straberry straberry

二、程序设计题(60 分)

1. 完善程序。输入一个字符串,各个字符之间用","分隔开,将输入字符中所有的","符号去掉并连成一个字符串后输出。(5 分)

输入输出示例:

```
输入: a,b,c,d
输出: abcd
```

原始代码如下。

```
# 在加粗序号处填写一行代码或表达式
str = input(空 1)        # 请输入一个字符串,由逗号隔开每个字符
print(空 2)
```

2. 完善程序。输入一个十进制数形式的字符串,将其转换成八进制字符串形式输出。要求:输入的数据长度为 15 位,居中,不足位以"＊"占位。(5 分)

输入输出示例:

```
输入: 1234
输出: *****2322******
输出:
```

原始代码如下。

```
# 在加粗序号处完善代码或表达式
str = input()
print("{空 1}".format(空 2)
```

3. 完善程序。输入一个由 0 和 1 组成的二进制形式的字符串,将该字符串转换成八进制输出。(5 分)

输入输出示例:

输入：0111
输出：7

原始代码如下。

```
#在加粗序号处补充一行代码或表达式
#不要修改其他代码
s = input()    #请输入一个由1和0组成的二进制数字串
d = 0
while s:
    d = (空1)
    s = s[1:]
print("转换成八进制数是：{空2}".format(空3))
```

4. 完善程序。使用 turtle 库中的相关函数，绘制如下图形，其中圆弧的半径为 100。(10 分)

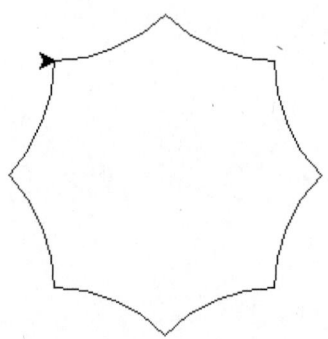

原始代码如下。

```
#在加粗序号处补充一行代码或表达式
import turtle as t
for i in range( 0,空1 ):
    t.circle(空2,空3)
    t.right(空4)
```

5. 完善程序。定义一个函数，其功能是将一个列表中的偶数移去，并统计列表中的偶数个数。(15 分)

原始代码如下。

```
#在加粗序号处补充一行代码或多行代码
def  abc(n):
    (空1)                    #此处可为多行函数定义代码
ls = [23,45,66,64,31,42,78,90,57]
for i in ls.copy():
    if  abc(i) == True:
        (空2)                #此处为一行代码
print(len(ls))
```

6. 完善程序。有一个 data.txt 文件，里面记录了某部门 10 个工作人员前 6 个月工作量。

问题 1：将工作量前 5 名的人员数据筛选出来放入 super.txt 文件中，其中，super.txt 文件将存入该员工的职工号、姓名、6 个月的工作量记录及汇总工作量。(10 分)

问题 2：针对 super.txt 文件进一步筛选，将每个月工作量不低于 70 的员工信息筛选出来放入 top.txt 文件中。其中，top.txt 文件将存入该员工的职工号、姓名两项数据。(10 分)

data.txt 文件内容如下。

```
03101 王大力 78 89 67 88 96 83
03102 李元   97 85 77 81 89 79
03103 孙芬   99 88 77 84 83 75
…
```

问题 1 原始代码如下。

```
#以上代码可以修改,需要在…处补全代码
f = open("data.txt","r")
D = [ ]                          #单个员工的数据
L = [ ]                          #所有员工各月份工作量和汇总工作量
#读取员工各月份工作量并计算汇总工作量
for line in f.readlines():
    …                            #需要在此处完善补充语句
f.close()
L.sort(key = lambda x:x[-1],reverse = True)   #按员工工作量从大到小排序
#前五个员工数据写入文件中
f = open('super.txt','w')
for I in range(5):
    …                            #需要在此处完善补充语句
f.close()
```

问题 2 原始代码如下。

```
#以上代码可以修改,需要在…处补全代码
#输入文件: super.txt
#输出文件: top.txt
f = open("super.txt",'r')
lines = f.readlines()
f.close()
D = [ ]
f = open('top.txt','w')
for line in lines:
    …                            #需要在此处完善补充语句
f.close()
```

模拟试卷Ⅲ答案及解析

一、选择题

1. B

解析：该程序段功能是针对 str 字符串的每一个字符进行遍历循环,当遇到数字字符时用空字符代替,接着继续执行循环操作；当遇到非数字字符时将该字符输出。由于在 for 循环中使用 continue 语句,因此只结束本次循环,并没有退出程序。这样就将所有非数字字符输出。当完全退出循环程序时,执行最后一条语句,换行输出 str 字符内容,由于 str 的数字字符完全被空字符串替代,因此只剩下字母型字符,选择 B。

2. A

解析：A 选项的描述正确,但不是针对 Python 特点的描述。

3. C

解析：静态语言如 C 语言采用编译方式执行,脚本语言如 Python 采用解释方式执行。

4. C

解析：字符串输出使用 print() 函数,并且输出的内容要放在界限符中。

5. D

解析：注释符号有#和三个单引号'''两种。

6. A

解析：此题关键是求这个复数的实数部分,至于虚部不需要计算。

7. B

解析：eval() 函数的功能是将字符串的界限符先去掉,再将式子进行相应计算输出结果。此题 a 字符串在使用 eval() 函数前用到了切片操作,截取的是'3＋3'子串,因此结果为 6。

8. C

解析：此题涉及增量符号赋值方法,先计算等号右边的值为 a＝5＋4 ** 4＝21,接下来计算 a＝a * 2＝42。

9. D

解析：列表中的数据可以是列表,列表之间可以嵌套。最外层[ ]表示定义列表,该列表中的数据仍为列表,总共有三个列表数据：[1,2,3],[[2],[3]]和[2,3]。

10. B

解析：此题涉及 format() 格式化格式控制标志说明。题目要求字符居中,不足位以％占位。

11. D

解析：此题涉及列表追加数据，每追加一次都在原列表末尾体现出来，此题一共追加两次。

12. D

解析：此题涉及CSV格式。文件输出时需要换行要使用"\n"符号。C选项表示"\n"符号也作为字符串的一部分输出，与题意不符。

13. A

解析：复数属于数字类型数据，不属于组合类型。

14. B

解析：针对组合数据类型，如果局部变量和全局变量拥有相同的名字，那么该局部变量会在自己的作用域内执行相关操作。

15. A

解析：此题在调用函数时，分别将a,b赋值为"we"和2，但是需要注意的是，调用后的结果赋值给了变量s，而最后要求输出变量c的值，因此系统提示错误信息。

16. C

解析：A选项是游戏开发的库；B选项是Web应用程序开发的库；D选项不是第三方库。

17. A

解析：continue和break保留字后面不需要加":"。

18. D

解析：D选项中，先将2赋值给变量x，再将3赋值给变量x，这时变量x的值为最后一次赋值结果，是3。

19. C

解析：如果复数的虚部为1，这个1不能省略，应写为2+1j。

20. B

解析：A选项相当于3**5%4=243%4=3；B选项错在round()在取舍为"5"这个数时要遵循银行家的算法，如果"5"的前面是偶数就舍去，如round(6.5)=6，如果"5"的前面是奇数就进位，如round(7.5)=8；C选项符合正常round()函数运算法则；D选项divmod()值返回两个值，第一个是x//y运算后的结果，第二个是x%y运算后的结果。

21. C

解析：A选项是图像处理；B选项是数据可视化；D选项是网络爬虫。

22. B

解析：A与D选项均用到is运算符，但如果数据取值范围不是[-5,257]中的整数，则两者即使数据相同，但is运算后的结果也不同；C选项的输出结果为True。

23. C

解析：字典数据属于高维数据。

24. B

解析：CSV是以逗号为分隔符来分隔数据。

25. D

解析：二维列表中每一行每一列的起始位置均为0，而元素"8"在第2行第0列，因此选 D。

26. C

解析：w 与 r 表示写文件和读文件,两者不能一起使用。

27. A

解析：列表可以是一维也可以是二维列表。但二维列表每一行每列数据个数必须相同,否则为一维列表。

28. B

解析：在 Python 语言中,反斜杠"\"表示转义符,因此不能在路径书写时使用。其他三个选项都正确。

29. A

解析：B 选项是将当地时间转换为时间戳；C 选项是将时间格式化；D 选项是获取时间戳对应的字符串表示形式。

30. D

解析：A 选项从序列中返回一个元素；B 选项将序列中元素随机排列；C 选项可以生成 0.0~1.0 的小数,包括 1.0,而题目中要求不包括 1.0,因此只能选 D。

31. C

解析：通过 range(1,5) 可知循环一共四次,而且每次旋转 90°,即画一个正方形。

32. C

解析：A 选项错在 penup() 是抬起画笔；B 选项错在角度和半径位置弄反了；D 选项错在其功能是切换 RGB 色彩模式,1 表示用小数形式表示颜色,255 表示用整数形式表示颜色,而不是设置颜色。

33. A

解析：此题在传递参数时指定了 x 与 y 的值,但 abc 的数据及值都不确定,在输出结果时剩余的多个数据放在一起以元组形式输出。

34. C

解析：sample(pop,N) 函数的功能是从 pop 数据中随机选取 N 个数据,以列表形式返回。此题的 N 为 2,即只能返回两个数据,不可能返回三个值,因此选项 C 是错误的。

35. A

解析：图像并不是二维数据。二维数据也称表格数据,由关联关系数据组成。

36. C

解析：函数定义时 return 可以有,也可以没有。函数的返回值也是可有可无,而不是必须要有返回值。

37. D

解析：该语句等同于：n=n*n,其中,"="为赋值语句。

38. B

解析：全模式是指输出原始文本中所有可能产生的问题,它的冗余度最大。

39. B

解析：size 的值给出某个大于或等于 0 的数据值,则读入前 N 个长度的字符,否则读入全部内容。

40. D

解析:此题先判断变量 x 与 y 的大小,由于是字符型数据,判断依据是首字母比较,结果是条件为真,进入分支结构。依次执行三个赋值语句,最终得到 D 选项的值。

二、程序设计题

1.

```
str = input().split(',')
print(''.join(str))
```

解析:split(',')的功能是将字符串中的",",符号去掉,并以列表形式返回;join(str)的功能是将列表 str 的各个字符内容以空格连接变成字符串再输出。

2.

```
str = input()
print("{:*^15o}".format(eval(str)))
```

解析:使用 input()函数虽然输入的是数字,但得到的是一个字符串。根据题意的要求必须将该字符串转换成数字才能将一个十进制数转换成对应的八进制,使用 eval(str)函数就可以解决该问题。另外,关于 format()函数的格式控制符按要求、按顺序写全即可。

3.

```
s = input()              # 请输入一个由1和0组成的二进制数字串
d = 0
while s:
    d = d * 2 + (ord(s[0]) - ord('0'))
    s = s[1:]
print("转换成八进制数是:{:o}".format(d))
```

解析:ord()函数的功能是将单个字符转换成对应的 Unicode 编码;(ord(s[0]) - ord('0'))用于保证得到的结果在数字区间。其中,d * 2 模拟的是除 2 取余倒写法的逆过程——加余数乘2。最后 d 变量存储的是该二进制对应的十进制数。

4.

```
import turtle as t
for i in range(8):
    t.circle(100,45)
    t.right(90)
```

解析:此图绘制的是由 8 个弧度组成一个图形,因此第一个空格应填 8,循环次数从 0 到 7 一共 8 次。由 circle(半径,弧度)函数可知,第二个空格应填半径 100,第三个空格将 360/8=45 作为每次绘制的弧度,因此填 45。另外,在绘制过程中每次绘制一个弧度其旋转的角度为 90°,因此第四个空格为 90。

5.

```
def abc(n):
    for i in range(n):
        if n % 2 == 0:
            return False
        return True
ls = [23,45,66,64,31,42,78,90,57]
for i in ls.copy():
    if abc(i) == True:
        ls.remove(i)
print(len(ls))
```

解析：在函数定义部分，很显然是判断列表中的每一个数是否为偶数，如果是偶数其返回值为 False。将该列表中的数据复制，接下来调用该函数，看其返回值是 True 还是 False，如果返回值为真，说明该数为奇数，将这个奇数移出列表，遍历循环结束后，列表只剩下偶数数据了，这时再求出列表长度并输出。

6. 问题 1 代码：

```
#以上代码可以修改,需要在…处补全代码
f = open("data.txt","r")
D = [ ]                      #单个员工的数据
L = [ ]                      #所有员工各月份工作量和汇总工作量
#读取员工各月份工作量并计算汇总工作量
for line in f.readlines():
    D = line.split()
    s = 0                    #每名员工的汇总成绩初始值设置为 0
    for i in range(10):
        s += int(D[i+2])     #将前 6 个月数据累加求和,+2 是因为前两个元素是学号和姓名
    D.append(s)
    L.append(D)
f.close()
L.sort(key = lambda x:x[-1],reverse = True)    #按员工工作量从大到小排序
#前 5 个员工数据写入文件中
f = open('super.txt','w')
for i in range(5):
    for j in range(len(L[i])):   #一个员工的各项数据
        f.write('{} '.format(L[i][j]))           #文件中写入各项数据,用空格隔开
    f.write('\n')  #换行
f.close()
```

问题 2 代码：

```
#以上代码可以修改,需要在…处补全代码
f = open("super.txt",'r')
lines = f.readlines()
f.close()
D = [ ]
```

```
f = open('top.txt','w')
for line in lines:
    D = line.split()
    for i in range(5):
        if int(D[i+2]) < 70:
            break
    else:
        f.write('{}{}\n'.format(D[0],D[1]))
f.close()
```

附录 A　turtle 库常用函数

（1）常用画笔运动函数如表 A-1 所示。

表 A-1　常用画笔运动函数

命令/缩写	说　明
forward(distance)/ fd(distance)	画笔向当前方向移动 distance 像素距离
backward(distance)/ bk(distance)	画笔向相反方向移动 distance 像素距离
right(angle)/ rt(angle)	画笔顺时针移动 angle 角度
left(angle)/ lt(angle)	画笔逆时针移动 angle 角度
setheading(angle)/seth(angle)	设置当前画笔朝向为 angle 角度
pendown()/ pd()/ down()	移动时绘制图形，为默认设置
penup()/ pu()/ up()	提笔移动，不绘图，用于另设位置开始绘制
goto(x,y)	移动画笔到指定坐标位置
circle(radius,[extent,steps])	绘制半径为 radius 像素的圆形，可设定角度 extent 与内切圆变数
home()	设置当前画笔位置为原点，朝向东
dot(r)	绘制一个指定直径和颜色的原点

（2）常用画笔控制函数如表 A-2 所示。

表 A-2　常用画笔控制函数

命　令	说　明
fillcolor(color)	绘制图形的填充颜色
color(pencolor, fillcolor)	同时设置画笔颜色与填充颜色
filling()	返回当前是否在填充状态
begin_fill()	准备开始填充图形
end_fill()	填充完成
hideturtle()	隐藏画笔的 turtle 形状
showturtle()	显示画笔的 turtle 形状

（3）常用全局控制函数如表 A-3 所示。

表 A-3　常用全局控制函数

命　令	说　明
clear()	清空 turtle 窗口，但是 turtle 的位置和状态不会改变
reset()	清空窗口，重置 turtle 状态为起始状态

续表

命令	说明
undo()	撤销上一个 turtle 动作
stamp()	复制当前图形
write(s [,font=("font-name",font_size,"font_type")])	写文本，s 为文本内容，font 是字体的参数，分别为字体名称、大小和类型；font 为可选项，font 参数也是可选项。例如：write("内切多边形",font=("宋体",20,"normal"))

附录 B turtle 颜色库

读者扫描以下二维码可以查看 turtle 颜色库。

附录 C　Python 语言常用内置函数

Python 语言提供了 68 个内置函数,它们不需要调用即可以直接使用。根据全国 Python 语言二级考试大纲要求,需要熟练掌握的有 33 个函数,如表 C-1 所示。

表 C-1　Python 常用内置函数

函数名称	函数功能	函数名称	函数功能
abs()	取绝对值函数	all()	判断组合类型数据各元素全部为逻辑真,返回值为 True
any()	判断组合类型数据各元素只要有一个为逻辑真,返回值为 True	bin()	将整数转换为等值二进制数
bool()	将指定参数转换为布尔类型,如果没有参数,返回 False	chr()	返回 Unicode 编码对应的单字符
complex()	创建一个复数	dict()	创建或转换为字典类型数据
divmod()	返回值一个为地板除的值,一个为取余的值	eval()	字符处理函数
exec()	执行以字符串类型存储的代码	float()	将任意类型转换成浮点数
hex()	返回整数对应的十六进制小写形式字符串	input()	输入函数
int()	将任意类型转换成整数类型数据	len()	取字符串或列表的长度
list()	创建或转换为列表类型数据	max()	同类数据中取最大值
min()	同类数据中取最小值	oct()	返回整数对应的八进制小写形式字符串
open()	打开文件函数,需要指明要打开的文件名及打开模式	ord()	返回单字符对应的 Unicode 编码
pow()	求数值 x 的 y 次幂	print()	输出函数
range()	产生循环次数,常用于循环操作	reverse()	将组合类型数据翻转
round()	四舍五入函数	set()	创建或转换集合类型数据
sorted()	对列表进行临时排序,默认升序	str()	将任意类型转换成字符型数据
sum()	只能对数字型列表元素求和	type()	返回参数数据类型
tuple()	创建或转换为元组类型数据		

参 考 文 献

[1] 嵩天,礼欣,黄天羽. Python语言程序设计基础[M]. 2版. 北京:高等教育出版社,2017.
[2] 黄天羽,李芬芬. 高教版Python语言程序设计冲刺试卷(含线上题库)[M]. 2版. 北京:高等教育出版社,2019.
[3] 嵩天. 全国计算机等级考试二级教程——Python语言程序设计(2018年版)[M]. 北京:高等教育出版社,2018.
[4] 董付国. Python程序设计基础[M]. 2版. 北京:清华大学出版社,2018.
[5] 张莉. Python程序设计教程[M]. 北京:清华大学出版社,2018.
[6] 冯林. Python程序设计与实现[M]. 北京:高等教育出版社,2015.
[7] SANDE W,SANDE C. 父与子的编程之旅 与小卡特一起学Python[M]. 北京:人民邮电出版社,2014.

图书资源支持

感谢您一直以来对清华版图书的支持和爱护。为了配合本书的使用,本书提供配套的资源,有需求的读者请扫描下方的"书圈"微信公众号二维码,在图书专区下载,也可以拨打电话或发送电子邮件咨询。

如果您在使用本书的过程中遇到了什么问题,或者有相关图书出版计划,也请您发邮件告诉我们,以便我们更好地为您服务。

我们的联系方式:

地　　址:北京市海淀区双清路学研大厦 A 座 714

邮　　编:100084

电　　话:010-83470236　010-83470237

客服邮箱:2301891038@qq.com

QQ:2301891038(请写明您的单位和姓名)

资源下载: 关注公众号"书圈"下载配套资源。

书圈

获取最新书目

观看课程直播